最新实用奶牛饲养与疾病防治丛书

围产期奶牛产后代谢病

温集成　温鸿仲　编著

内蒙古出版集团
内蒙古人民出版社

图书在版编目(CIP)数据

围产期奶牛产后代谢病 / 温集成, 温鸿仲编著. --
呼和浩特 : 内蒙古人民出版社, 2015.1
(最新实用奶牛饲养与疾病防治丛书)
ISBN 978-7-204-13282-9

Ⅰ. ①围… Ⅱ. ①温… ②温… Ⅲ. ①乳牛 - 围产期
- 牛病 - 代谢病 - 防治 Ⅳ. ①S858.23

中国版本图书馆 CIP 数据核字(2014)第 306339 号

围产期奶牛产后代谢病

作　　者	温集成　温鸿仲
责任编辑	王世喜
责任校对	李向东
装帧设计	朔羽文化
出版发行	内蒙古出版集团　内蒙古人民出版社
地　　址	呼和浩特市新城区中山东路 8 号波士名人国际 B 座
印　　刷	内蒙古爱信达教育印务有限责任公司
开　　本	880×1230　1/32
印　　张	6
字　　数	150 千
版　　次	2015 年 1 月第一版
印　　次	2015 年 1 月第 1 次印刷
印　　数	1-5000 册
标准书号	ISBN978-7-204-13282-9/S·227
定　　价	20.00 元

联系电话:(0471)3946230　3946120
网址:http://www.nmgrmcbs.com

《最新实用奶牛饲养与疾病防治丛书》

序

改革开放以来，我国养牛业迅速发展，目前已成为世界第四大养牛大国，特别是奶牛养殖业和乳业发生了根本性变化，走上了快速发展的道路。据有关资料记载：2009 年，我国有奶牛 1260.33 万头，产牛奶 3732.6 万吨，世界排名第三位，仅次于美国和印度。但是奶牛单产排名仅为五十八位，沙特阿拉伯第一位，平均每头奶牛一个奶期产奶 14964 千克，美国为 9343 千克，中国为 2834 千克，人均牛奶占有量差距更大，2009 年人均占有奶量 28 千克。由此可以看出，我们要赶上世界养牛先进国家，任重而道远。

同时，随着奶牛养殖业的发展，奶牛疫病控制也正面临新的考验和挑战。不断出现新疫病，不断复发旧疫病，严重危害着畜牧业生产，同时有些人畜共患病也在传播，既影响国际贸易信誉，还危害到人民身体健康，这就要求我们在生产中保护人畜安全，生产无公害安全奶，供应市场。

当前，我国社会主义经济正在进入一个新的发展时期，农牧业中的奶牛业正在向集约化、科学化转型升级。最近国家把食品安全提到重要位置，出台了一系列政策措施。为提高乳和乳制品的质量与公信度，要求实施奶牛标准化饲养和可追溯的标识技术。

为了适应我国奶牛发展的大好形势，我们编著了此套丛书。

本丛书共分六册，内容主要包括：奶牛标准化、无公害饲养管理技术；规模化奶牛养殖场、农民养殖小区的建设与管理；奶牛养殖企业的行政管理、生产管理、技术管理、财务管理；奶牛围产期疾病的防治技术；奶牛流行病、寄生虫病、中毒病、代谢病的防治；奶牛乳房疾病及犊牛常见病防治；奶牛繁殖障碍病的防治及现代化奶牛繁殖技术的应用；奶牛最新常用药物及部分相关的法律法规。

同时，为了适应规模化、规范化办企业的需要，增设了科学建场、科学管理、投资决策、风险控制、产品创新等内容。所以本丛书不仅是奶农的科普读物，也是从事奶牛养殖、投资办场、企业管理和奶牛疾病医疗人员的指导用书。丛书内容广泛，通俗易懂，图文并茂，理论紧密结合实际。

本书按照生态学的观点，阐述现代生态养牛有关现代技术，力争做到内容的先进性、科学性、实用性与可操作性，为生态、高效养牛提供技术支持。

作者

2014 年 10 月

《围产期奶牛产后代谢病》

内容简介

奶牛产后常会患酮病、瘫痪、真胃移位、消化道疾病等。这些病的发生都与奶牛复胃的生理结构、生理功能的特点有紧密关系。

奶牛酮病的发生与反刍动物的复胃功能有密切关系。

第一,表现在瘤胃消化机制和肝脏中糖的转换机制、过程与单胃动物不同,因此本病只发生于反刍动物;第二,因牛瘤胃中微生物消化利用纤维素的过程中会产生短链脂肪酸,被机体吸收后,影响体内糖代谢,一部分被肝脏吸收合成葡萄糖,作为能量来源被机体利用,还有一部分不被利用而转化为生酮物质、使机体内酮体贮量增加,血糖下降,于是发生了酮病;第三,当前胃在消化过程中大量生成的氨不能被微生物全部利用时,多余的氨气会进入血液循环系统,引起神经系统、内分泌系统、肝脏、心脏的功能障碍,三羧循环受抑制,于是生酮量增加,表现为酮病。

该病的产生还与饲养不当如饲料蛋白高、纤维少、碳水化合物不足、肝脏功能障碍形成脂肪肝等多重因素有关。

在了解奶牛酮病的发生与复胃功能的消化特点与产犊、产奶的复杂生理过程以及饲养不当等因素的因果关系以后，就可以正确选择应用本书中所介绍的多种防治方法。

应特别注意预防奶牛酮病和脂肪肝等代谢病的饲养措施、饲料配方的特点，正确饲养，减少酮病的发生。

奶牛产后真胃移位更是反刍动物复胃构造的特有病。这个病好认识，它的发生主要是产前受挤压的第四胃，因产后腹压下降，腹腔内空位多，在受外部压力或起卧行动过程中把第四胃甩到腹腔的左方或自体扭转，称真胃移位。这个病用保守疗法效果不理想，多用手术矫正真胃的位置，恢复正常。但常由于术前消化不良，术后的恢复过程长而造成经济损失。

本书中介绍了五种手术方案，同时较详细地介绍了手术的保定、麻醉、术式等，以提高手术的成功率，并弥补本书中没有单设外科手术内容的不足。另外，还配以真胃位置、真胃复位手术图以提高读者对真胃变位的认识。

在多种前胃疾病中，创伤性网胃炎是由于分娩产犊加重了病情，不适产犊造成的。创伤性网胃炎都是由于食入金属异物而发生，它不仅造成消化道疾病，最终还会发展成为创伤性心包炎而致动物死亡。采用金属探测器等方法有时可以取出瘤胃内微小金属物，或用特制磁铁放入瘤胃作保守疗法，但易复发。当金属物进入网胃，手术难度加大，可以开腹，切开瘤胃，通过瘤胃、瘤网孔取出金属异物。

这种病完全是饲养管理疏忽造成的，因此给牛饲喂草料时一定要细致地拣出异物，特别是拣出金属异物。奶牛网胃的位置最低，金属异物易沉于其底部，前胃肌肉收缩时金属异物易将网胃壁穿透，甚至刺破横膈膜刺伤心包而使病情加重。如已造成心包创伤，形成心包炎，该患牛必须淘汰。

本书中第三个重要内容是奶牛围产期钙代谢病的防治。

低血钙是奶牛产后常见病。用钙疗法效果也是立竿见影。关键在准确判断奶牛产后卧下不起的原因。

1. 乳热症，也称生产瘫痪，是泌乳开始、钙稳态机制失灵或血钙严重下降，形成严重的低血钙症，补钙则有效。

2. 肥胖奶牛综合征，以脂肪肝或肝脂肪变性、黄疸为主因，治疗时可用灌服健康牛瘤胃食团和瘤胃液，皮下注射精蛋白锌胰岛素，静注葡萄糖等方法。肥胖奶牛综合征是长期营养失调的结果。

3. 产前或产后截瘫有营养性、运动性、物理性，根据病因采取补充糖、钙等营养物质，兴奋后躯神经，加强护理等治疗措施。

在有条件的奶牛场应建立适应工作需要的实验室，通过试验，准确掌握病因，对症治疗，避免采用试探性治疗，耽误治疗时间。

本书用十七节的篇幅介绍了奶牛中毒病。奶牛中毒病多为饲养管理疏漏造成，根据中毒的性质采取科学的饲养与饲喂方式，加强饲料的管理是可以避免中毒病发生的。

本书的附录内容较多，都是奶牛饲养管理与疾病防治的工具性资料。如奶牛生理正常值、血液生化值，中华人民共和国农业行业标准，无公害食品奶牛饲养兽药使用原则等多项内容。

目　录

第一章　围产期奶牛营养代谢病

围产期对临产前孕母牛和胎犊以及分娩后的母牛和新生犊牛的健康极为重要。围产期虽然时间短,但此期无论是内分泌还是代谢方面都发生着剧烈的变化,故围产期的营养管理是泌乳繁殖的关键。

奶牛代谢病主要是由营养缺乏、不平衡或不正确饲养管理造成的,是营养紊乱和代谢紊乱的总称。主要包括糖、脂肪及蛋白质营养代谢病,矿物质营养代谢病,维生素营养代谢病和饲养管理不当引起的四大类疾病。下面重点讨论与围产期关系密切的糖、脂代谢病中的奶牛酮病。

第一节　糖、脂肪及蛋白质营养代谢病

能量代谢障碍主要发生在产犊前 2 ~ 3 周至产犊后 4 ~ 5 周的日产奶 30 千克以上的高产奶牛。高产品种的培育、高能饲料的利用、规模化养殖程度的提高等因素,使得营养代谢病居高不下。尤其是肥胖母牛综合征和酮病更为多见。

一、能量代谢障碍病的危害

以围产期能量代谢障碍为病理学基础的酮病和脂肪肝(妊娠毒血症、肥胖综合征)是奶牛常见病、多发病。有资料报道,我国奶牛酮病的发生率占泌乳牛的15% ~30%。该病使泌乳牛产奶量下降5% ~20%,影响母牛产后的发情配种,表现为发情延迟、久配不孕,加上发病治疗费,造成的经济损失很大。

围产期奶牛发生脂肪肝不仅直接影响肝脏的正常功能,而且能降低患牛的免疫力及繁殖力,同时常诱发皱胃变位、胎衣不下、子宫内膜炎、乳房炎等围产期疾病。

二、奶牛围产期能量代谢障碍性疾病的发病机理

奶牛主要靠微生物在瘤胃发酵产生的乙酸、丙酸、丁酸等挥发性脂肪酸提供能量。体内90%的葡萄糖是由糖异生供给的,其中生糖先质——丙酸经肝脏糖异生生成的葡萄糖占50% ~60%。由于妊娠后期采食量下降,摄入干物质减少,满足不了胎儿生长及自身能量代谢的需要;而产后泌乳高峰(产后4 ~6 周)先于干物质摄入高峰(产后8 ~10 周),使机体处于能量负平衡状态。研究证明,妊娠后期胎儿消耗的葡萄糖高达85%。正是由于奶牛在围产期存在能量负平衡,才使这一时期成为酮病、脂肪肝等围产期疾病的高发期。

围产期干物质摄入减少的原因并非胎儿等机械性压迫产生的,而是生殖状态,机体能量储备和代谢改变等因素综合影响所致。近年来研究表明,代谢信号对摄入调节具有相当重要的作用。代谢信号包括营养代谢产物、生殖激素、应激激素、瘦素、胰岛素、肠肽、细胞因子和神经肽Y(NPY)等,其中瘦素、神经肽Y、高血糖素样肽I对摄食的调节作用尤为突出。

三、围产期奶牛能量代谢障碍的调节机制

神经内分泌因子对肝脏糖异生,脂肪动员,脂蛋白合成、转运

的调控是通过丙酮酸羧化酶、激素敏感脂肪酶、脂酸辅酶 A 等多种酶和调控基因表达的方式降低血中生酮物质的生成、积累、及时转运、代谢清除影响。由于这种调节机制的存在,奶牛在围产期内,糖、脂代谢处于正常生理状态。

四、维护瘤胃微生物发酵生成丙酸(生糖先质)的功能

干物质摄入量减少、能量负平衡是奶牛酮病、脂肪肝等围产期能量代谢障碍性疾病的始发因素。其实质是生糖先质——丙酸缺乏。所以补充生糖先质是防治酮病、脂肪肝的主要办法。

饲料的种类及瘤胃内发酵菌的种类、数量直接影响乙酸、丙酸、丁酸生成的比例。在正常情况下,瘤胃中的碳水化合物在多菌种的重叠或相继作用下,通过相应的酶素,产生挥发性脂肪酸。研究证实,在围产期及疾病状态下,采食量减少时,瘤胃内发酵菌的数量和比例发生变化,使丙酸生成减少,而乙酸生成增加。这样生糖先质减少,生酮物质增加,进而形成了酮病。

恢复和重建瘤胃微生物区系可以增强围产期奶牛的消化功能,增加采食量,提高丙酸的生成量,从而纠正或缓解奶牛能量的负平衡。

第二节 提高围产期奶牛肝脏健康的营养措施

一、围产期奶牛肝脏的代谢变化

肝脏是影响营养物质吸收类型和数量的主要因素。在围产期肝脏的重量没有变化而代谢大约增加了一倍。

表 1-1　　围产期肝脏组织的耗氧量

相对产犊时间/天	-21	-7	10	22
肝脏重量/千克	9.0	8.8	8.8	9.6
相对产犊时间/天	-19	-11	11	22
耗氧量 Moles/日	35.4	38.8	75.8	80.1
单位组织耗氧量 千克/日	3.9	4.4	8.6	8.3

泌乳早期与干乳末期相比，奶牛的肝脏代谢活动急剧增加，并伴随着葡萄糖合成的大量增加。此时，以饲料为基础提供吸收、合成的葡萄糖，每天大约比奶牛需要量低 500 克，其补充来源主要靠由氨基酸分解合成的葡萄糖。

二、动用体脂满足围产期奶牛的能量需要

体脂分解导致大量的非酯化脂肪酸（NEFA）释放到血液中。过量的非脂化脂肪酸以甘油三脂的形式在肝脏中积累、贮存，导致了不同程度的脂肪肝。当甘油三脂在肝脏中积累时，甘油三脂可以抑制葡萄糖的合成。

这表明尽管有效的氨基酸供应对肝脏合成葡萄是必要的，但供应过多的蛋白或者蛋白和碳水化合物不平衡，可能增加奶牛的氨负担，实验证明脂肪浸润降低了氨脱毒生成尿素的能力，从而降低肝脏合成葡萄糖的能力。

表 1－2　奶牛临产前、后外周血浆中的尿素和氨浓度及肝脏中甘油三酯含量(Zhu 2000)

相对产犊时间	氨(μM)	尿素(mM)	肝中甘油三酯(%)
－27 日	33.4	5.96	2.58
+12 小时	61.1	6.34	
+16 小时	64.8	6.08	
+22 小时	44.2	5.78	
+2 日			13.1
+35 日	28.1	5.68	7.89
标准误差	5.5	0.35	2.81

三、降低肝脏中甘油三酯积累的营养措施

非酯化脂肪酸可以做为肌肉的燃料，可以合成乳脂，也可以被肝脏吸收，如果肝脏中非酯化脂肪酸不能及时运出就以甘油三酯的形式储存起来，到产后 3～5 周达到高峰。

1. 尽量提高围产期奶牛的干物质采食量

在围产期分娩前后多种激素增减变化，使奶牛干物质采食量减少，出现能量负平衡。在围产前期提高饲料的能量浓度和蛋白质比例，提高奶牛摄入量，提高非纤维性碳水化合物的数量，从而提高能量浓度，可以促进瘤胃微生物对泌乳期高精料日粮的适应性；瘤胃发酵产生更多的挥发性脂肪酸能刺激瘤胃乳头状突起的生长，以增加瘤胃对营养物质的吸收能力；生成

更多的丙酸能供应肝脏合成葡萄糖、刺激胰岛素分泌量增加，胰岛素可以减少脂肪酸从脂肪组织中动员和减少与脂肪代谢有关的代谢紊乱的发生。

在围产期大剂量添加酵母培养物，每头牛每日 300 克，通过滋养、刺激和调控瘤胃微生物菌群提高有益菌活性和数量，改善奶牛胃肠道微生物环境，维持瘤胃最适发酵酸度，提高干物质采食量，缓解能量负平衡，从而减少肝脏中甘油三酯的形成和积累，保证肝代谢健康，避免酮病的发生。

2. 添加过瘤胃胆碱 RPG（氨化胆碱）2.5% ~3.0%

胆碱是一种类似维生素的复合物，它的代谢与蛋氨酸、维生素 B_{12}的代谢有紧密关系。奶牛饲料中虽然含有游离的胆碱和磷酸卵磷脂，但含量少且大部分在瘤胃中降解，通常不能满足奶牛需要。因此需要添加过瘤胃（保护性）胆碱。

过瘤胃胆碱可以降低奶牛肝脏中甘油三酯的累积，从而提高了非酯化脂肪酸的转运效率。

从奶牛产前 21 天到产后 63 天，添加不同剂量的过瘤胃胆碱，发现随胆碱量的增加，肝脏中甘油三酯的百分数呈线性降低；肝脏糖元呈线性上升。

表 1－3　过瘤胃胆碱（RPG）对肝脏样品化学成分的影响

RPG g/日	0	45	60	75
肝糖元（%湿重）	0.79	0.81	1.12	1.4
甘油三酯（%湿重）	15.6	14.9	13.2	11.4
甘油三酯/肝糖元	19.7	18.4	11.8	8.2

3. 添加丙二醇(PG)

丙二醇是葡萄糖前体物,在预防治疗酮病中已使用多年。PICKETT 等(2003)给产前、产后三日的奶牛分别饲喂水(对照)500 毫升,丙二醇 500 毫升,脂肪 454 克,丙二醇加 454 克脂肪,共四组。结果添加丙二醇 500 毫升降低了产后 21 天血中非酯化脂肪酸浓度,降低了产后 7 天 β～羟丁酸的浓度,血浆中胰岛素未受到影响;添加丙二醇 500 毫升或添加脂肪 454 克的都增加了血浆中和肝脏中葡萄糖的浓度;同时灌服脂肪和丙二醇的并没有单独添加丙二醇的效果好,可能是脂肪钝化了奶牛对丙二醇的代谢反应。在产后的 21 天中添加丙二醇并没有影响奶牛干物质的采食量、乳产量和乳成分,然而灌服了脂肪后奶牛干物质采食量和奶产量都降低了。

还有,静注葡萄糖、料中添加尼克酸、饲喂离子载体可以促进丙酸生成以及葡萄糖异生。

第三节　奶牛酮病

一、一般概念

酮病是奶牛特别是高产奶牛常发的代谢病,其主要表现是血尿、奶中的三种酮体(β～羟基丁酸、乙酰乙酸、丙酮)含量升高,因此称酮病。

酮病是因为产前、产后采食量不足而引起的碳水化合物和脂肪的代谢紊乱。日粮中营养不平衡及供给不足、奶牛产前过肥胖都易引发此病。该病分原发性和继发性两种。原发性多发生于奶牛产后 10 ~ 50 日。继发性酮病体温升高,常伴有胎衣不下、子宫内膜炎、真胃移动、瘤胃异物等症状,其病程较短,一般预后良好,但与原发病的及时治疗有关。

本病的发病率差异较大,与地区的地理环境、饲养管理方式、营养状态和条件等有关,高产牛群多发,产后一月内、3 ~ 5 胎次奶牛易发,与季节无显著关联。

奶牛酮病之前有不同名称,1849 年 Lande 氏首次发表了关于其神经型的一篇报道。说明人们很早就研究认识了此病。

在生产实践中,往往由于诊断不准确、治疗不及时,造成很大的经济损失。酮病常会造成产奶量下降、发情延迟、配种受胎率下降,酮病母牛所产犊发病死亡率高以及患牛久治不愈被迫淘汰或死亡等。

二、酮病的发生

1. 原发性酮病大多数在产犊后发生,此病的发生与怀孕、分娩、产奶三个繁殖过程有密切关系。在此期间母牛为维护这一生理过程的异常运作需要大量的能量,这便使新陈代谢和内分泌系统工作量加大,负担加重,容易发生碳水化合物和脂肪的代谢扰乱,在肝脏中产酮量增加,进一步蓄积形成酮病。因此,阉牛、公牛不会患酮血病。

2. 酮病的发生与饲养管理水平特别是干奶期的饲养有很大关系。当日粮中蛋白类饲料高、能量类饲料采食量不足,而且质量低劣,造成瘤胃机能减弱,采食量进一步下降,导致能量代谢不平衡时,均会导致机体内酮体(乙酰乙酸、β ~ 羟丁酸及丙酮酸)的增高,从而发生酮病。

当日粮中微量元素钴缺乏时,维生素 B_{12} 合成受阻,从而使丙酸的转化减弱。丙酸作为糖前体减少时,糖的供应下降,机体为了增糖开始分解蛋白、脂肪,分解蛋白质和脂肪的中间产物酮体大量蓄积形成酮病。

青贮玉米、甜菜丝和糟渣类饲料含生酮物质较高,可诱发酮病;发霉的、陈旧的、多灰尘的干草,因含大量丁酸可促发酮病。

3. 肝脏机能不全,肾上腺皮质功能降低,动物运动不足,可以导致糖代谢障碍,糖元异生率增高。若肝脏机能得不到改善、肾上腺皮质分泌得不到恢复,由于酮体在机体内蓄积量增加而形成酮病。

4. 当奶牛营养不良时,亦可发生酮病。例如,①当饲喂低蛋白日粮时,同时碳水化合物饲料也不充足,此时机体必将动员分解体脂肪、体蛋白质参加代谢,满足妊娠和泌乳的需要,而动员体脂是肝脏生酮的基础,分解体内蛋白质则为肝脏生酮及糖元异生作用的基础。②虽然维持血糖的平衡是由葡萄糖完成的,但在糖元异生率很高的情况下,肝脏的生酮率也因而增加,于是产生了酮病。③分解蛋白生成的氨严重抑制丙酸盐合成葡萄糖的能力,体脂分解产生的大量的非酯化脂肪酸可以降低肝脏氨脱毒生成尿素的能力。

5. 所有继发性因素如牛创伤性网胃炎、真胃变位、生产瘫痪、子宫内膜炎、前胃弛缓以及饲料中毒都会导致机体消化机能减退、紊乱、障碍而诱发酮病。

6. 本病一年四季均可发生,无明显季节性。有的地区冬季多发,而北京黑白花奶牛是夏季多发。在内蒙古土默特右旗还没有找到季节性发病规律。

7. 本病代谢扰乱与反刍动物的消化代谢特点有关。主要表现在瘤胃消化机制和肝脏中糖的转换过程。因此本病只发生于反刍动物。健康奶牛酮体在肝内合成,肝外利用,合成和利用的速度大致相等。血中酮体浓度维持在相对恒定的范围内。健康奶牛酮体含量约为:血液 1 ~ 6 毫克/分升,尿液 10 毫克/分升以下,乳汁 6 ~ 8 毫克/分升。

三、发病机制

不论原发或继发性酮病,其特征都是机体内血糖浓度下降、酮体增多并且表现出由此代谢特征及代谢障碍引发的食欲下降,运动障碍和产乳量下降。虽然食欲下降,营养缺乏或代谢机能障碍,但在分娩的应激作用和生殖激素的作用下,分娩和泌乳要继续,进一步导致脂肪分解速度大于合成速度,使生糖先质的供应与葡萄糖的需要之间出现不平衡。又由于在机体的三羧循环中的中间代谢产物——草酰乙酸的浓度降低,则生成过多的乙酰辅酶 A 不能通过三羧循环而被氧化,最终生成大量酮体。另外,部分脂肪酸以甘油三酯的形式蓄积在肝内,引起脂肪肝,使糖异生障碍加剧,肝脏的生酮速度大大升高,而肝外组织又不能对其氧化,于是出现酮病和酸中毒。特别在病牛拒食时会进一步加剧这种生酮反应和酸中毒。

酸中毒的原因,是由于乙酰乙酸和 β ~ 羟丁酸都是较强的有机酸,它们的增加大量消耗了血浆中的碳酸氢钠,破坏了血液中的酸碱平衡。

此时,体蛋白也加速分解,其中生酮氨基酸因为没有足够的草酰乙酸,只能由丙酮酸氧化脱羟,最后生成酮体,使体内酮体增加而发生酮病。

虽然厌食或不食,但奶牛仍可照常泌乳,因为此时奶牛不以降低产奶来纠正机体能量的负平衡,而是加速分解体脂、体蛋白,这样必然导致血糖和肝糖代谢的扰乱。这种扰乱表现为在牛的瘤胃中,微生物消化利用纤维素的活动中产生短链脂肪酸,其中乙酸占70%、丙酸占20%、丁酸占10%,它们被瘤胃和真胃吸收。它们被吸收后影响了体内糖代谢。丙酸是草酰乙酸的先质,草酰乙酸是抗酮物质。只有丙酸能大量的被肝脏利用,合成葡萄糖。在利用丙酸合成葡萄糖的过程中,要依靠维生素 B_{12}。当代谢紊乱时,瘤胃合成维生素 B_{12} 的能力下降,而由于维生素 B_{12} 供量不足,肝脏利用丙酸合成葡萄糖的能力便会下降,形成低血糖病,糖代谢减少,生酮速度却提高了。

其他脂肪酸只能通过乙酰辅酶 A 及三羧循环,才能生成葡萄糖。而丁酸是乙酰辅酶 A 的先质,乙酰辅酶 A 也是生酮物质。如果丁酸和乙酸在三羧循环中不能充分合成葡萄糖,就要产生中间产物——酮体。因此奶牛体内丙酸不足、丁酸过盛的情况下,提高了生酮作用的几率。

酮体在体内蓄积的第二个因素是前胃里的氨进入血液。当氨在前胃中大量生成而又不能被微生物充分利用,多余的氨进入血液,则引起神经系统、内分泌、肝脏、心脏的功能障碍,三羧循环受抑制,于是生酮能力加强了。因此在日粮中有富含蛋白质的精料而青干草等粗纤维饲料不足,以及饲喂富含丁酸的青贮玉米等饲料都会引发奶牛酮病。

据美国《奶牛营养需要》称,"产犊前一周和产犊后两周脂肪肝通常在酮病发生之前发生。""在血液非酯化脂肪酸浓度升高期间,最有可能发生脂肪肝和酮病。"

这就是说奶牛酮病的发生与脂肪肝非酯化脂肪酸不完全氧化产生乙酰乙酸和 β~羟丁酸有直接关系。

而预防脂肪肝的关键是降低奶牛能量负平衡的程度和持续时间。糖代谢是所有动物能量代谢的主要途径,充足供应血糖,是保证能量代谢正常运行的重要条件。反刍动物血糖的来源与非反刍动物不同。非反刍动物可将饲料中的淀粉分解为单糖直接吸收，而反刍动物不同，它将饲料中的糖类物质，如粗纤维、淀粉等，绝大部分在瘤胃中转化为挥发性（低级）脂肪酸，其中乙酸占 70%、丙酸 20%、丁酸占 10%。丙酸是反刍动物体内糖最重要的来源，而乙酸、丁酸主要参与脂肪代谢及乳脂合成，不能净生成糖。

凡是造成瘤胃生成丙酸减少的因素，都可能使血糖浓度下降，如产前、产后采食量减少、瘤胃功能下降、挥发性脂肪酸生成减少、饲料中碳水化物供给不足或精料太多、粗纤维不足，都可造成丙酸生成不足或减少。有实验证明，奶牛产后 70 天左右，其采食量和消化功能才能恢复或达到最好的水平。日粮精料含量与丙酸生成数量成正比。只有丙酸是生糖物质，而乙酸、丁酸是生酮物质。乙酸本身是能够被吸收的，而丁酸在瘤胃黏膜中进行很大程度的代谢其主要产物是酮体。

表 1－4　　不同饲料结构脂肪酸产生比例

	含量比例　%		
粗精比	乙酸	丙酸	丁酸
100:0	71.4	16.0	7.0
75:25	68.2	18.1	8.0
50:50	65.3	18.4	10.4
40:60	59.8	25.9	10.2
20:80	53.6	30.6	10.7

丙酸要转化成葡萄糖，首先要转化成丙酰辅酶A，然后形成琥珀酰辅酶A，再沿糖异生途径形成葡萄糖。由丙酸形成琥珀酰辅酶A的过程需要生物素和维生素B_{12}的参与。因此生物素和维生素B_{12}（或钴）的缺乏必将导致丙酸异生作用下降。同时奶牛缺乏钴时，瘤胃微生物生长不良，影响前胃的消化功能，也会使丙酸产生更少，糖生成也减少。

高产奶牛对糖的消耗量很大，每天产27升乳的母牛，体内需合成1225克乳糖，转移到乳中，一头产34升乳的牛，几乎可将血中糖全部合成乳糖，此时奶牛血糖水平的维持只能靠动用糖脂储备和糖异生两条途径。母牛产后40天内，即可达到泌乳峰值期，采食量的高峰却要到80天左右。此时，牛体内糖消耗过多过快，造成糖消耗与供给间的不平衡。部分牛可能处于低血糖。

当血糖浓度下降时，机体会动员体脂、体蛋白（氨基酸）分解、加强糖异生作用。长时间血糖浓度低下，引起脂肪大量分解，血中游离脂肪酸增加，肝内脂肪酸β－氧化作用加快，所生成的乙酰辅酶A，因得不到草酰乙酸，不能进入三羧循环彻底分解，而转化成酮体。此时瘤胃中生成的乙酸、丁酸因得不到草酰乙酸，通过别的途径生成酮体。

机体为了补充血糖，发生体脂、体蛋白的分解，使血糖下降缓解，但却使酮体生成过多，乳蛋白含量下降。

四、临床症状

患有本病的牛的早期呼吸和挤出的奶有一种轻微的酮气味（烂苹果甜味），适当加温烂苹果味要明显一点，不细心鉴别，通常不易被饲养人员发现。随着症状逐渐明显，病牛呈现酮尿、酮乳、酮血、低乳、厌食、精神淡漠、对任何刺激缺乏反应能力。同时出现过度流涎、舔食和异常咀嚼动作，肩部和腹胁部肌肉抽搐。

病初表现食欲减退，消化紊乱，食欲反常，喜吃干草、污草，拒食精饲料，此时，不食但继续泌乳，以后泌乳和体重都下降。经常躺卧、起立困难、心跳加快，第一、二心音间，浑浊不清。有时心跳达100次/分以上。呼吸表浅频数。肝脏浊音区扩大，有触痛，反刍无力，次数不定，瘤胃蠕动减弱、迟缓或停止。粪便干燥或拉稀，排粪、排尿量减少。身体消瘦、目光无神。精神高度紧张、不安、大量流涎、视力下降、走路不稳。持续一至二日后转为抑制期，精神高度沉郁，有时不能站立，有的头曲向颈侧，严重者处于昏睡状态。呼出的气体和尿液有明显的烂苹果味。牛尿呈黄色水样，易形成泡沫。牛奶亦易起泡沫，有酮味。每100毫升尿中酮体增高至20~1000毫克（正常为7毫克/100毫升），血酮也升高到40毫克%（健康奶牛为1~6毫克%）。如继发于子宫内膜炎，胎衣不下等围产期疾病，增高的酮体主要是β-羟丁酸而不是乙酰乙酸和丙酮，尿酮含量不稳定，要与生理性酮尿严格区分，化验时虽然表现为阳性，但要超过50毫克%以上才能定为酮病，血乳中酮量的增高有诊断意义。有的牛先兴奋后沉郁，虚弱呈昏睡状态。体温低于正常，呼吸、心跳缓慢。

急性病例虽无外界刺激和影响，但仍然会出现过度兴奋、听觉过敏、眼肿等症状，而且很快会狂躁不安，时时转动舌头，步态不稳，后肢轻瘫，不能站立，呈现昏迷状态。体温正常或偏低，到后期多数体温偏低。

出现神经症状时，初兴奋，除听觉过敏外，颈和背部肌肉痉挛、全身紧张、号叫、冲撞。不久转为抑制、卧地不起、头颈下弯，形成酮病特有卧姿。反应迟钝、后驱麻痹、以致昏迷。此时空嚼、磨牙、流涎、眼球震颤、目光凶视、眼球突出，可视黏膜黄染，心音模糊。

当能站立时，绕圈行走、以蹄踏地、皮肤过敏、叩击皮肤、病牛号叫不安、用指轻刺皮肤，背腰迅速凹陷，若将背腰皮肤捏起，则就地卧下。

据统计，本病若不治疗，有 4/5 的奶牛于 2 ~ 14 日内，通过改善饲养管理会自愈。但有些病牛若治疗不及时，其预后不良。当痊愈过程一旦开始，恢复也很快，大约 12 ~ 24 小时内就可恢复。

原发性酮病在产犊后几天或几周内发生。血清酮体含量在 3.44 毫摩尔/升(200 毫克/升)以上，结合血糖降低，饮食骤减，产奶下降，体重下降，出现神经症状等临床表现，可以建立诊断。

继发性酮病，可以发现原发病，如子宫内膜炎等产道疾病。

实验室诊断：

酮体测试试剂组成：亚硝基铁氰化钠 1 份，硫酸铵 20 份，无水碳酸钠 20 份，将它们混合研为粉状。在滤纸上(载玻片上)放约 0.2 克试剂，在其上加少许奶或尿(2 ~ 3 滴)。当被检查含酮量在 10 毫克% 以上时，在界面处呈淡紫蓝色或深红色。也可用快速诊断试纸，如果试纸在奶或尿中呈现淡红色或淡黄色可确诊为阳性。(人医检尿酮体试纸)

五、酮病治疗

1. 替代疗法或称补糖疗法

静脉注射 50% 葡萄糖 500 毫升，或 25% 葡萄糖 500 ~ 1000 毫升，对大多数病牛有明显效果。但须重复注射，否则可能复发。有时可选用腹腔注射(20% 葡萄糖)果糖溶液(0.5 克/千克体重，制成 50% 溶液，静注)，可延长反应时间，但有些果糖制剂会引起特异反应，呈现呼吸急促、肌肉震颤、衰弱和虚脱，这种反应常在注射过程中发生。克服这种反应则需重复给予丙二醇或甘油(每日两次，每次 500 毫升，2 天；随后每天 250 毫升，2 天)灌服或饲喂，效果很好。不用果糖时亦可单独使用丙二醇或甘油，也可投服丙酸钠 120 ~ 200 克，以提高糖的生成利用。也可内服丙酸钠 100 ~ 125 克。在补糖同时可肌注胰岛素 125 单位，为补充生糖物质可内服丙酸钠 100 ~ 125 克，丙烯二醇 150 ~ 250 克，甘油 200 ~ 500 毫升。这些药可单用或混合用。

2. 激素疗法

促肾上腺皮质激素(ACTH)肌肉注射 200 ~ 600 单位，效果较好。用葡萄糖肾上腺皮质激素，剂量：醋酸可的松一次肌注量为 0.5 ~ 1.5 克、肾上腺皮质激素一次肌注量为 30 单位到 200 单位。该疗法可使血糖很快升到正常，酮体缓慢下降，食欲在 24 小时内改善，奶产量回升，疗效满意。激素疗法常发生泌乳减少，但有助于病的迅速恢复，不可长期应用。

糖皮质激素制剂包括可的松，氢化可的松，泼尼松，氟轻松等。

配合肌注胰岛素 100 ~ 200 单位，效果较好。严重病例可给牛每 48 小时皮下注射一次鱼精蛋白锌胰岛素 200 单位。胰岛素是促进机体分解、生成与利用葡萄糖的主要激素(消化酶)。同时必须以 5% 以上的葡萄糖继续治疗。

为了提高血糖和肝糖，缓解脂肪代谢过程，可静滴 25% 葡萄糖 1500 ~ 2000 毫升、复方氯化钠 500 毫升、VB_{12} 10 毫升、10% 维生素 C 40 毫升、氢化可得松 1 克，每日一次，连用三天，即可痊愈。这是糖疗法和激素疗法同时应用的实例。为了促进皮质激素的分泌，可以使用维生素 A 500 单位/千克体重、VC 2 ~ 3 克。

3. 其他疗法

(1)投服健康牛的前胃胃液 2 ~ 3 升，以加强病牛瘤胃正常微生物和纤毛虫的分解作用；用活菌制剂和酵母代谢产物等瘤胃调节剂提高瘤胃消化机能和瘤胃微生物的代谢。

(2)以镇静为目的，用水合氯醛 20 ~ 30 克，首次量 30 克，以后用 7 克,每日两次,用水溶解后,加适量淀粉糊灌入直肠,或口服。见效后用水合氯醛注射液稀释静滴。

以加强前胃功能为目的,促进饮欲、食欲,可用人工盐 200 ~ 250 克,一次灌服,肌注 $VB_1$20 毫升。

维生素 B_1 有促进提高前胃功能的作用。

(3)口服 0.1% 高锰酸钾水(现配现用)500 ~ 600 毫升,每日 3 次,持续 5 ~ 6 日。一般用药后 24 小时可见病情好转。

(4)维生素 B_{12}1 毫克,静注,配合应用。

(5)氯化钾 30 克溶于 250 毫升水中口服,每日 2 次;氯酸钾 30 克溶于 250 毫升水中口服,每日两次,有特效抗酮作用。

(6)静注 5% 碳酸氢钠 300 ~ 1000 毫升,每日 1 ~ 2 次,或口服碳酸氢钠 50 ~ 100 克,每隔 4 小时一次,以缓解瘤胃酸中毒。

(7)在酮病发生时,适当降低产奶量,如减少挤奶量,不挤尽奶等措施。同时积极治疗原发疾病,如真胃炎、子宫内膜炎等。

4. 中药治疗

方:益母草 120 克,川芎、赤芍、当归、熟地各 50 克,砂仁、建曲、麦芽、龙胆根、苍术、木香、甘草各 30 克。共为末,开水冲,候凉灌服。加红糖半斤到一斤为引。

内服:酵母粉 100 克,葡萄糖 200 克,酒精 50 毫升,温水 100 毫升,混合灌服。

为防止不饱和脂肪酸生成过氧化物以增加肝糖量,可用维生素 E1000 ~ 2000 毫克,一次肌注。

酮病大致可分为四个型,在治疗上应各有侧重。

1. 消化型:以改善消化提高瘤胃消化机能为目的,可内服酵母粉 100 克,酒精 50 ~ 100 毫升,葡萄糖 200 克,加水 1000 毫升喂服。

2. 瘫痪型：补钙可以缓解神经症状；同时，治疗瘫痪，可用10%葡萄糖酸钙500毫升或5%的氯化钙200毫升单独或与葡萄糖混合静注。如单用钙剂疗效甚微，可进一步确认酮病。

3. 神经型：静注胰高血糖素10毫克/日，连用10～15天，肌注肾上腺皮质激素200～800国际单位，或氢化可得松10～30毫克，或地塞米松10～30毫克，（有降奶作用）神经型和瘫痪型的三磷酸腺苷酸的活性明显下降。说明在酮病时，机体能量转换信息传递方面的酶系统发生改变。

4. 隐性酮病：隐性酮病发生机制与临床型一样，围产期机体处于能量负平衡的营养应激状态。泌乳消耗大量的葡萄糖（每天产乳20千克需要葡萄糖1.24千克）机体陷入低血糖，于是分解体脂和蛋白质产生了大量的酮体和乙酰乙酸，β－羟丁酸等。此时机体处于酮病待发状态，如果能及时治疗，可以防止临床酮病的发生。有的人在高产奶牛临产前或产后当即补给葡糖糖、丙二醇、葡萄糖酸钙等，以防制隐性酮病转为临床型酮病。

患有隐性酮病的奶牛虽无明显的临床症状，但能检测到血液代谢指标的改变。

（1）血清β－羟丁酸含量超过1.40毫摩尔/升，就可以认为患有隐性酮病。

（2）当乳酮浓度大于0.70毫摩尔/升时，也是诊断指标之一。

（3）总的乙酰乙酸浓度减去β－羟丁酸浓度，结果若超过9毫克/分升时可判为隐性酮病。

（4）当血糖低于35毫克/分升（1.9毫摩尔/升）时，也提示隐性酮病的存在。

六、治疗实例

例一：

症状：产后半月，不排恶漏，常张口、伸舌，体温 38.5℃，瘤胃蠕动迟缓，卧地后颈弯曲或将下颌抵制于地上。酮体检查阳性。

处方：10% 葡萄糖 500 毫升，25% 葡萄糖 500 毫升，50% 葡萄糖 500 毫升，生理盐水 500 毫升，5% 葡萄糖生理盐水 500 毫升，5% 氯化钠 500 毫升，10% 葡萄糖酸钙 500 毫升，2.5% 恩诺沙星 100 毫升，20% 安钠咖 12 毫升，VC 100 毫升，5% 碳酸氢钠 500 毫升，三磷酸腺苷二钠 200 毫克，注射用辅酶 A1000 单位，混合后一次静注；2.5% VB_{12}150 毫升，华西胆效 50 毫升，催产素 60 单位，雌二醇 20 毫克，$VB_1$25 毫克分别肌注；胃肠力通 10 毫升，皮下注射，因子宫内膜有炎症将 4 毫升露安净稀释为 100 毫升，子宫内灌注。上药适量加减治疗，5 天痊愈。

例二：畜主自述该牛 2 胎，产后已 40 余日，产后采食减少，体温低，产奶量显著下降，请当地兽医多次治疗，每次给高糖后病情好转，但过后又复发。

临床检查见体质消瘦，精神沉郁，食欲减少，体温 37.3℃，酮乳、血糖偏低，诊断为酮病。

治疗：50% 葡萄糖 500 毫升，25% 葡萄糖 500 毫升，10% 葡萄糖 500 毫升，生理盐水 500 毫升，VC100 毫升，20% 安钠咖 10 毫升，5% 碳酸氢钠 500 毫升，三磷酸腺苷二钠 200 毫克，注射用辅酶 A1000 单位，混合后一次静脉注射；丙二醇 500 克，烟酸 12 克，一次胃管投服；同时分别肌注 VB_1、VE、VB_{12}、华西胆效。在此基础上适当加减连用 7 天，病牛痊愈。

对严重过肥的奶牛，随着肝脏脂肪的沉积，需要静滴低浓度糖，如 3% ~5% 的葡萄糖。

同时纠正血钙过少和代谢性酸中毒，还要预防可能发生的子宫内膜炎、乳房炎等脓毒症。所以在治疗中根据情况同时用钙剂

(葡萄糖酸钙)补钙,抗生素等抗菌药控制感染。

七、预防措施

1. 母牛在产前2月停奶,使乳腺组织和瘤胃功能得到休息和调整。

奶牛干奶期,既要防止过肥,又要营养充足,满足犊牛发育和产奶储备的营养需要。为此在干奶期限精饲料喂量,增加优质干草、青草喂量。精料(全价)每日给4千克,青贮玉米15～20千克,优质干草5.4千克,或满足供应。按干物质计算精粗比3:7。如果粗饲料质量低劣,满足不了营养需要,适当增加精料给量。保证奶牛能量不处于负平衡状态。

2. 在泌乳初期的高产奶牛,每日的优质干草量不少于4千克,每次喂精料都要有干草。不能用单一青贮加精料模式或糟渣类饲料喂奶牛。

同时保证日粮中有充足的钴、磷和碘等矿物质。

3. 产前2周开始补喂产奶精料,适量提高钙水平,应用瘤胃调节剂增进食欲。

产后在增加精料的同时,在饲料中添加缓冲剂,如碳酸氢钾或碳酸氢钠和氧化镁,碳酸氢钠和氧化镁的比例为2:1。这样日粮中氯化钠水平相应降低。或加草木灰、膨润土可有效地防止酸中毒。

也可添加异位酸,如异丁酸、异戊酸、异乙酸等支链短链脂肪酸。

饲喂缓冲剂可使瘤胃pH值维持在6.0以上,它有利于分解纤维素细菌的生长,提高纤维素的消化率,并可减少蛋白质在瘤胃中的降解,提高蛋白质的利用率;添加缓冲剂可以使肠道pH值维持在6.7,这样可提高淀粉酶的活性,促进小肠内碳水化合物的消化,而添加异位酸可以缓解由于高精料而引起纤维素分解菌活性降低的缺点;可以调节瘤胃微生物含量,使奶产提高 15% ,还可提高食欲,提高血糖浓度,改善机体内能量负平衡。

4. 建立酮体监测和健康检查制度,以便早发现、早治疗,提高奶牛的健康水平和生产性能。

于产犊后第一天采集尿样,作尿酮定性测定,以后每隔 1 ~2 日,检查一次。见阳性牛,除加强饲养外应当立即进行对症治疗。进一步建立奶牛群的酮体、葡萄糖、谷草转氨酶及游离脂肪酸等的血液相关指标的监测制度。

定期用酮体粉试剂(亚硝基铁氰化钠:无水碳酸钠:干燥硫酸钠 =1:20:20)监测尿、奶酮体含量以便早发现、早治疗。尤其盛奶期的高产奶牛更应如此。有疑似症状者,从产犊开始每天喂丙酸钠 110 克,连用 6 天。

5. 舍饲母牛每天应保证有足够的运动。

6. 饲料中添加脂肪。日粮中添加脂肪是提高能量饲料的措施,从而可以避免由高精料日粮造成的纤维进食量下降而导致的低乳脂综合征。

添加脂肪也可能使奶牛采食量下降。

7. 增加糖及生糖前体物。鉴于糖及生糖前体物不足是酮病发生的关键性原因,因此治疗原则应是补糖抗酮,促进糖原异生。目前国外临床主要应用莫能菌素(瘤胃素)改变瘤胃内微生物发酵基质来改变瘤胃中代谢产物的浓度,即增加瘤胃挥发性脂肪酸中丙酸的比例,亦即增加糖异生的前体物;同时莫能菌素能够降低血液中非酯化脂肪酸和酮体的浓度,最终缓解能量负平衡。

8. 补充代谢调节剂。胆碱和蛋氨酸均参与磷脂的形成,缺乏时可诱导脂肪肝的发生,蛋氨酸还是合成载脂蛋白 B(APOB)、载脂蛋白 E(APOE)所必须的物质。反刍动物蛋氨酸可被大量用于胆碱的合成。胆碱缺乏时,用于合成胆碱的蛋氨酸量增加,合成肉碱和脂蛋白的蛋氨酸减少,从而导致脂肪肝。醛酸具有抗脂解作用,日粮中添加醛酸可以降低血浆非酯化脂肪酸和酮体的浓度,预防或降低脂肪肝的发生率。

第四节　预防奶牛酮病、乳热症和脂肪肝等代谢病的围产期饲料配合注意事项

随着奶牛围产期重要性认识的提高,人们正在制备特别适用于奶牛围产期饲养的饲料。它的目标是使分娩后的奶牛能迅速、顺利地开始采食,从而降低产后疾病的发生率。

分娩前 7 ~ 14 天期间,奶牛饲料采食量会减少 10% ~ 30%,紧接着是分娩和开始泌乳,营养需要量增加,为了弥补干物质摄入量的不足,应当喂给养分含量较高的饲料,饲料蛋白含量可提高两个百分点。

能量方面:美国 2001 年度营养学术会议发表的学术报告中建议:从分娩前 3 周起,喂给含泌乳净能(NEL)1.65Mcai/千克(兆卡/千克)的饲料。初产青年母牛从产前 5 ~ 6 周起喂这种饲料。分娩后 2 ~ 4 周围产期奶牛喂给泌乳净能 1.7 兆卡/千克的饲料。

碳水化合物方面:喂足够数量和适宜长度的纤维对维持瘤胃机能,防止酸中毒和真胃变位,以及提高干物质摄入量非常重要。另据报道,过多的中性洗涤纤维(NDF)(中性洗涤纤维包括植物细胞中的大多数结构性组成成分,如纤维素、丰维素、木质素等)

会抑制干物质的摄入量。日粮干物质中中性洗涤纤维推荐量为25%(其中19%来源于饲草)。

充足供给非结构性碳水化合物(谷类的糖和淀粉)是供给肝脏糖元异生的材料;丙酸是抑制酮体产生的,是瘤胃组织和微生物互相都能适应泌乳期的饲料、谷类精料所必不可少,但是过多的非结构性碳水化合物又会带来酸中毒和降低干物质采食量的危险,所以必须考虑与结构性碳水化合物进行适当的组合。专家建议在产前全混合饲料中,按干物质计,含30~32 NDF(其中21%来自饲草),含35%~40%非结构性碳水化合物。

蛋白质方面:一般干奶期饲料粗蛋白质含量为12%,到分娩前采食量减少,围产期粗蛋白含量提高到14%。据R. JVam saum报告,考虑到蛋白质在瘤胃降解和不降解的区别,他在饲料中添加血粉,并将饲料蛋白设定在13.5%,结果使初产奶牛的泌乳成绩改善,使经产奶牛的酮病发生率下降。又据研究指出,干奶期饲料添加降解性蛋白含量高的大豆粕,饲料粗蛋白含量15%时,奶牛代谢性疾病增加,肥胖牛综合征多发。

因此我们制定围产期饲料蛋白质含量时要考虑实际情况,个性化供给。

分娩后,干物质采食量减少,用于泌乳的蛋白质需求量却急剧增加,所以分娩后围产期饲料粗蛋白(CP)含量应在19%~20%,其中35%~40%应为瘤胃非降解性蛋白。

脂肪方面:专家指出围产期添加脂肪不但不能抑制泌乳初期体脂肪的移动,不会提高泌乳量,反而会使肝脏的脂肪含量增加。因此在围产前期不主张在饲料中添加脂肪,但在泌乳初期在饲料中添加适量(总脂含量的6%~7%以下)脂肪,对改善繁殖成绩有一定好处。有报道称受胎率可增加17%。

饲草的选择:在分娩前几周要喂适口性好的饲草。另外玉米青贮的粗蛋白,降解性蛋白质含量和阴阳离子差额都较低,含淀粉较多,适合做分娩前围产期饲草。

饲料添加剂:

1. 瘤胃调整剂

酵母培养物包含酵母和培养基,在分娩前后的围产期能提高纤维降解菌的活动,稳定瘤胃内环境,减少乳酸。投喂量 10～120 克/日。

缓冲剂和碱化剂:为使瘤胃 pH 值保持在 6.5,碳酸氢钠可按饲料干物质的 0.75%,每头 130～150 克/日投给。

离子载体:是由各种放线菌,尤其是链霉菌产生的抗生素。离子载体能改变通过生物膜的离子流量,革兰氏阴性菌含有结构复杂的外膜,通常不易受它们的影响,而革兰氏阳性菌却缺少外膜,对离子载体更敏感。因此通过使用离子载体能增加瘤胃内能量的利用率,增加丙酸、减少蛋白质降解。加拿大的研究证明使用离子载体可以使围产期的酮血病减少 50%。每头日量为 250～300 毫克。

益生素:一般在维持瘤胃及后部消化道的微生物平衡,或确保理想平衡,或与不理想的微生物对抗时使用。在食欲不振,瘤胃功能下降时,可与其他成分,如氨基酸、可溶性碳水化合物等一起使用。益生素最常见的是真菌培养物和乳酸利用菌以及链球杆菌、双球杆菌、丙酸产生菌,其中最主要的是乳酸菌。它的作用机制主要是:①促进目标微生物在瘤胃中生长;②提高瘤胃后的营养分流;③保持瘤胃 pH 值稳定性;④改变瘤胃发酵和终端产物的组成模式;⑤提高养分消化率。

2. 能量调整剂

烟酸:在围产期,高水平的烟酸能有效降低体内脂肪移动,防止酮血病,维持干物质摄入量。围产期推荐用量:分娩前6克/日,分娩后12克/日,体况好、体重大、高产牛效果好,体况差、太瘦的奶牛不宜用此药。

1,2—丙二醇:1,2—丙二醇被瘤胃吸收后在肝脏转变为葡萄糖,能使血糖急剧增加,胰岛素升高。因此它广泛用于奶牛酮病的防治。如果经导管报药,不影响奶牛采食量。丙二醇对减少体脂肪移动、抑制酮体生成、降低脂肪肝的危险、适应泌乳是相当有效的。使用量按296毫升/日的标准投给能取得很好的效果。

丙酸钙:它能使血糖和钙上升。投给量为每头120~250克。它的葡萄糖生成作用不如丙二醇。它作为一种粉剂投药时使用。

瘤胃保护胆碱:它的作用是保护胆碱不在瘤胃内分解,直接进入后部消化道被吸收。胆碱作为甲基供体用于肝脏脂肪合成,然后被肝脏送出,作为能源使用。它能降低脂肪肝的发病率。使用量为每头日15克。

3. 矿物质调整剂

阴离子盐类及其制品能降低血液的pH值,提高血钙含量,它通过刺激钙恒常性促进钙的吸收。观察发现,8毫克/分公升钙量能促进子宫和消化道平滑肌顺利收缩。其作用是减少乳热症发生,增加干物质摄入量,降低代谢性疾病的发生。氯制品的调整作用比硫酸制品强。常用氯化镁、氯化钙、盐酸处理饲料。最好是在干奶牛日粮中逐渐少量添加阴离子,直到pH值达标,尿的pH值在加入阴离子添加物48~72小时后测定。

作为一种缓冲剂可以添加碳酸氢钠、碳酸钙或氧化镁,以减少消化紊乱,维持乳脂率。缓冲剂添加量为日粮干物质的0.6%~0.8%或精料的1.2%~1.6%。

4 保护氨基酸

5. 饲料香味剂

泌乳初期的两周期间在饲料中添加饲料香味剂可提高日粮干物质摄入量。

第五节　奶牛产后真胃变位

一、一般概念

奶牛真胃（皱胃、第四胃）解剖学位置的变化称真胃变位。

真胃变位可分为左方变位（LDA）和右方变位（RDA）。左方变位是真胃从右前方正常位置通过瘤胃底部移到腹腔左侧，置于瘤胃与左腹壁之间。有的仅置于左侧瘤胃下方，把瘤胃抬高，而不是把瘤胃挤向腹中，移位的真胃内可积有大量气体，使其升到瘤胃背囊的左上方。有的是下部积液上部积气，一般不会升到背囊左上方，如果是升到背囊左上方，直肠检查时可触及瘤胃背囊移到背中线及偏左的位置，肷部听诊，听不到正常的瘤胃蠕动音，代之以金属音、叮铃声或鼓气的钢管音。右方变位是真胃扩张或扭转后位置发生变化，真胃此时仍在腹腔右侧。真胃扩张以食欲不振、精神沉郁、脱水、真胃内大量积气、右腹膨胀为特征；真胃扭转，发生急性梗阻，病牛高度不安，剧烈腹痛，严重脱水和代谢性碱中毒。救治不及时，在 1 ~2 日死亡。

1950 年 Begg 氏和 1954 年 Moore 报道了腺胃脱位。此后关于此病的报道随着奶牛饲养量增加和奶产大幅提高而多起来。我国报道很多，在我区龙头企业伊利和蒙牛乳业的带领下大力发展养牛业以来,奶牛的真胃变位越来越多,特别在围产期发生更多。有一部分生前诊断明确给予治疗,有不少是死后剖检中发现。为什么乳牛的真胃变位越来越多?国内外有不少人从不同的角度研究了这一问题。

二、发病规律

奶牛真胃变位发病规律是:

1. 随着喂精料的增加变位的病例明显增加。日喂5~6.5千克精料发病率是11%,而喂到10~15千克发病率上升到38.4%。高精料日粮在奶牛瘤胃中产生的不饱和脂肪酸能抑制真胃运动,导致真胃弛缓。真胃弛缓是真胃变位的预置因素,是发生变位的基础。

2. 真胃变位的发生在2~4胎次的奶牛发病率最多,一胎发病率10.2%,二胎发病率10.3%,三胎发病率5.4%,四胎发病率38.4%。这可能与它们产奶量高、采食精料过多有关。

3. 高产奶牛发病多。年产奶3000千克左右的奶牛发病率为12.1%;年产奶4500~6000千克的奶牛发病率为38.8%,还有资料说6500千克以上高产奶牛占发病牛的78.6%。

4. 产后30天内是真胃变位的高发期,占68.8%。美国一个报道称产后30天内左方变位占发病牛的80%~91%。

5. 发病头数与月份的关系是:1~5月和11~12月发病率占发病牛的83.2%,这可能与繁育高峰有关。

预防奶牛真胃变位的原则是精粗料比例要适当,不能过分追求高精料,而要保证优质饲草的喂量,在高产时期要补充维生素和多种微量元素,更要多喂优质饲草和青割草、青干草等。在满足产奶需要的同时要保证奶牛的纤维素和饱腹性,防止产后电解质和酸碱平衡的失调。

据美国的一份资料称,由于真胃变位而实施外科手术后的牛,受孕期延长，有的延长到 180 天。

据傅春泉报道，全混合日粮（TMR）自由采食牛发病率与传统方式有些不同。如 TMR 饲养的牛变位多发群体以泌乳量 7000 ~ 8000 千克为多，而传统养殖以 4500 ~ 7500 千克为主，TMR 饲养以经产母牛发病多，占发病牛的 64%；而传统养殖以经产 2 ~ 3 胎牛多发，占 83.5%。

6. 据多数一线工作者观察，真胃变位的发病与难产、创伤性网胃炎、胃内异物（如塑料纸、绳、铁条、衣物等）有关。

7. 患有低血钙症、子宫炎、乳房炎、真胃溃疡、过肥综合征以及单纯性消化障碍疾病的奶牛，在分娩后，有 25% 以上并发真胃左方变位。

三、发病原因

关于发病原因目前主要有两种理论，一种认为是真胃弛缓所致，另一种认为是真胃机械性转移所致。还有人认为与奶牛胸深空间大有一定关系（支持该理论的是奶牛比肉牛的变位发病率高）。

在奶牛怀孕后期，胎儿一天比一天大，瘤胃内容物由于食量下降而减少，相对精料比例上升，有机酸增加致真胃弛缓。曾有国内外多数学者证实不饱和脂肪酸均可明显地抑制真胃运动，致真胃弛缓。在分娩后腹内发生了剧大的变化，瘤胃空虚没有能力占满左腹部，留了空档，由于某个外力的作用，如奶牛分娩后起立或分娩后卧位的变化，把松弛并弛缓了的真胃甩到左腹瘤胃下方。此时由于真胃内酸碱度的变化，产生了大量气体（CO_2，甲烷气等）逐渐把真胃上升到瘤胃与左腹壁之间。奶牛胸深较其他牛深也给真胃变位提供了空间。

本人曾剖检一个产后五日死亡的病牛，见到瘤胃空虚有少量胃内容物，真胃浆膜多处有出血斑，真胃内有多量液体，腹腔中腹水较多，真胃轻度扭转，该牛死于严重的腹膜炎和子宫外膜炎。此牛具备了真胃位移的条件，只缺乏一个外力而未形成真胃左方变位。

真胃中含有多量气体并扩张是真胃向腹腔上方移动的动力，但变位时只是真胃的不完全阻塞，真胃极少发生严重膨胀。由于真胃的变位，其他的消化器官都发生不同程度的移位、受压，因此采食减少，瘤胃缩小，消化紊乱。真胃血流不正常，所以表现出慢性消化扰乱，消耗加剧，时好时坏。有的用保守疗法或后期不予治疗可坚持 60～70 天以上。曾遇一例发病 40 天后才确诊进行手术。该牛恢复很慢。

四、临床症状

左方变位通常在分娩后一周内发病。病牛食欲不振，有的一点不吃；大多数患牛拒食精料，但吃少量干草，喜吃有霉味的草或青草、苦菜等，但只吃一两次，再换一种草再吃一两次；食欲时好时坏，给促反刍药后会有暂时好转；奶产量下降，开始虽不吃精料但奶产下降不明显，以后病情加重，奶产逐渐下降；迅速消瘦，腹围明显缩小，两腹紧缩，肷部深陷，体温、心跳、呼吸一般均正常。急性病例体温可升到 39.5℃到 40℃，心率 100 次/分。有部分患牛心搏动缓慢到 50 次/分，心搏无力，心音较弱，有混浊音。个别病例可在瘤胃听诊时听到心搏传导音。粪便通常量少而稀，有时有腹泻。有的粪便带有黏液膜和不消化料草原型。直肠检查感到后部肠段空虚，触及瘤胃背囊向中偏右。在背囊与腹壁之间有空隙。

外部听诊：在左腹壁肩关节水平线上方 9 至第 12、13 肋骨间的范围内，放好听诊器，以手指或用打诊锤叩击听诊器上方 8～10

厘米肋弓地方，常可听到特征性的"钢管音"。有人就靠这个钢管音下诊断。但听诊时要注意区别，什么是钢管音，怎样识别真胃变位时的钢管音，要靠经验。还要移动听诊器在不同位置上听，多听几次，有的今天听有明显的钢管音，明天听就不明显或者没有了。这种钢管音是胃（皱胃）内气体液体混合存在时叩击的震动音，有时在不叩击的情况下也能听到由于胃蠕动而发出的"叮铃"的金属音。同时要排除瘤胃积液、积气和腹膜炎，才能凭钢管音下诊断。

如果在"钢管音"明显区域下方数厘米穿刺，抽出液的 pH 值为 2 ~ 4，镜检无纤毛虫可以进一步确诊。

在一定的时间里病情不十分严重时，在第 12 ~ 13 肋的肋软结合的区域内可以听到真胃蠕动音、乒乓音、叮当音，这个蠕动音与瘤胃蠕动音不一致。在肘后水平线下方可以听到比瘤胃音更清晰的皱胃叮铃音或潺潺流水声。这种蠕动音不规则，隔 5 ~ 15 分钟能听到一次。

患牛有轻重不等的眼球下陷的脱水现象，腹部有程度不同的膨胀。有的患牛用手撞击腹部出现震水音。结膜淡红色，鼻镜干燥发凉，鼻孔流出脏的黏液，口腔黏膜色淡稍红，舌缩小，力度不大，舌面常有黄白色舌苔。瘤胃鼓气但触之柔软，放气时没有压力。

真胃听诊：在左肷窝中央到肘头连线下方的区域内听诊真胃，可听到清晰的滴水音，一般 5 ~ 10 分钟才能听到一次，所以在听真胃音时要有耐心，多听一会儿。

真胃扭转在临床上需与盲肠扩张或扭转相区别，两者都在右侧听诊，结合叩诊有"钢管音"，但盲肠扩张"钢管音"叩击区在右侧肷部，而皱胃叩击区在右腹倒数第 2 ~ 4 肋骨上部，盲肠扩张是右侧肷窝和后腹部隆起。腹壁切开后，盲肠在大网膜外，而皱胃在大网膜内。

右方变位：多于产犊后 1 ~3 周内发生。

多数发病突然，有蹲腰、踢腹、出汗等腹痛症状，体温初期升高，后期低于正常，心率可达 100 ~120 次/分。饮食欲废绝，右腹明显胀大，从后看到肋弓突起。有的病例右侧肷窝隆起。病牛很快脱水，血液黏稠，黏膜苍白，皮肤及末梢发凉。严重时卧地不起，呈休克状态。在右侧 8 ~13 肋间肩关节水平线处叩诊与听诊结合，在该区域内放好听诊器，在听诊器上方同时用手指叩击可听到清脆的钢管音；于该部位稍下方用拳头冲击，可听到拍水音或溅水音。在变位严重真胃中气液较多，体格较小的牛直肠检查时可触及变位的真胃。有的病例伴发瘤胃积液和瘤胃充气，左、右腹围同时鼓起膨大，冲击左腹也可听到液体振动音。

真胃右方变位，瘤胃蠕动减弱甚至停止。粪软呈黑色，混有血液，有时腹泻。变位时瘤胃蠕动音减弱，2 ~5 分钟来一次，强度很弱。

五、实验室检查

左方变位尿酮检查常为阳性或强阳性；右方变位尿酮常为阴性，血糖正常，碱储升高到 70% ~90%（正常 50% ~60%），血清钾、钠、氯化合物含量均比正常值低。粪便潜血阳性。

X 线观察：患牛自然站立，左右侧位透视检查，真胃变位时可见隔肌后腹腔中上部有大小不等的气液平面。液平面呈静止或活动状态，界面大小为 10 ~30 厘米，液面上可见气体存在。

手术探查：按常规手术方法，打开腹腔，手伸入腹腔进行探测。

六、治疗措施

1. 保守疗法

药物疗法：以解毒促进胃肠蠕动，恢复提高植物神经的正常兴奋性为主，结合补液补充能量。

促反刍液 500 毫升,25% 葡萄糖 500 毫升,林格氏液 1000 毫升,维生素 C 40 毫升,一次静注。

配合维生素 $B_1$40 毫升,肌酐、安钠咖、ATP 等;生理盐水内加青霉素 400 万 ×10 支,加普鲁卡因,腹腔封闭。

口服:石蜡油 1000 ~4000 毫升,滑石粉 100 ~500 克,消气灵 1 ~2 支,一次灌服。

中药:麻仁籽 300 ~500 克,菜菔籽 100 ~150 克,枳壳 100 克,大黄 80 克,陈皮 50 克,青皮 50 克,香附 50 克,厚朴 50 克,滑石粉 300 ~500 克,甘草 20 克,研末开水冲服。

在促进胃肠蠕动的同时加速肠道排空:包括口服轻泻剂、促反刍剂、拟胆碱药,如鱼石脂、姜酊、风油精、陈皮酊、复合 VB。

2. 翻滚复位法

病牛诊断为真胃左移,只要体质不是极度虚弱,不是妊娠中后期都可进行翻滚复位。

翻滚法:使母牛由左侧横卧转为仰卧,四蹄朝天,将前后蹄分别保定,前后俩人同时动作。以背着地为轴心,先向左滚 45°,回到正中再向右滚转 45°再回到正中,如此来回摇晃 3 分钟,突然停止。在来回滚时速度要快,在仰卧位滚转时,瘤胃下沉,真胃内容气多就上升,随着急速转动和突停把真胃甩回原位。

在进行翻滚前停食、限制饮水 1 ~2 日,瘤胃变得越小成功率越高。

有人将此改进为转推法,治愈率明显提高。

转推法是:如上述仰卧,前后肢分别保定。右侧横卧着地,术者站于牛的背侧,在左肷部,向腹下方向,从腹部推真胃,然后使患牛仰卧,从腹下向右侧再推真胃 1 ~2 分钟,最后将患牛翻成左侧横卧。去除保定,抬起牛头。

3. 术后进行药物治疗

(1)增强病牛肠胃的紧张度。翻滚前或后半小时,用士的宁10～15毫克肌肉注射,以后根据真胃听诊情况每日一次或隔日一次。小剂量硫酸新斯的明与士的宁交替使用。樟脑磺酸钠或安钠咖视情况应用以强心。

(2)健胃消炎,改善瘤胃内环境。翻滚后禁食精料1～2日,避免剧烈运动。龙胆酊、干酵母、多维葡萄糖、小苏打和人工盐混合内服每日1～2次。同时静滴庆大霉素、甲硝唑等1～2个疗程,3～5日为一疗程,进行消炎。

(3)中医药应用。病牛慢草不食、腹痛不渴、精神倦怠、舌淡苔白,脉象沉细,有的拉稀,出现脾胃虚寒症候,可用理中汤加减。

附子理中丸原方是:附子(制)100克、党参200克、白术(炒)150克、干姜100克、甘草100克,每100克粉末加炼蜜50克,制丸分服。可根据体质加减,如体虚可以加黄芪50～100克,消化不好可加陈皮、枳实、川楝子等。

据报道,这种保守治疗法治愈率达90%以上。但多数人认为翻滚法的疗效不太确实,不如及时进行手术矫正,尤其右方变位(真胃扭转),翻转法无效。

(4)药物治疗原则是:内服轻泻药,如人工盐;注射促反刍液或反刍增食剂——以氯化胺甲酰胆碱为主;抗酸药内服或静注(碳酸氢钠)或其他拟胆碱药。

低血钙时静脉给葡萄糖酸钙。

投服氯化钾明胶胶囊(30～120克,一日两次)或咖啡190～370克,温水灌服。

通过这些保守疗法,往往也可治愈,但时间较长。不如手术矫正法来得及时,所以多数人采用手术疗法。

4. 手术疗法

保定：一般采用六柱栏站立保定，可以根据不同术式，采用不同手术保定方法。

倒牛保定可采用绳拉倒牛法，不可强行摔倒。倒牛法（图见《奶牛围产期疾病防治》中第一章）：用一根 5 米多长手指粗细的尼龙绳分别在前腿后胸部和后腿前腹部缠绕，两头用力拉紧。绳子是活扣，越来越紧，牛会自然卧下，场地要平坦。

手术器械要用高压蒸汽灭菌，121℃，30 分钟；流通蒸汽灭菌 45 分钟；或在消毒液（0.1% 新洁尔灭或百毒杀或百菌灭，1% 来苏液溶）泡 30 分钟。

术者手臂要用 0.1% 新洁尔灭水溶液浸洗消毒。

使用器械有弯止血钳、直止血钳、缝合钳、缝针（缝合皮肤用的有刃缝针、缝内脏用无刃缝针）、缝线、手术刀、剪。事先要将 50～100 厘米长的缝线穿在 7～8 个缝针上备用。

术部准备：先将术部剪毛，剪毛部位要大于实际手术范围，剪毛后要用 0.1% 新洁尔灭溶液充分冲洗消毒、晾干。用 3%～5% 碘酊涂擦消毒，3～5 分钟后用 75% 酒精脱碘消毒。

麻醉：先用 2% 静松灵注射液 3～5 毫升颈部皮下或肌肉注射，接着在术部用 3% 奴佛卡因 25～40 毫升或利多卡因做浸润麻醉。方法：取 20 厘米长针头，斜刺入术部皮下 15 厘米，接上注射器，将药液推入，边推药边往出拉针头。麻醉药维持 20 分到 1 小时。操作完成后约等 5 分钟开始手术。

还可用腰旁神经干麻醉（传导麻醉），方法是：用 3% 普鲁卡因或利多卡因，分三针注入，每针 20 毫升。第一针在第一腰椎横突游离端前角，垂直刺入，达骨面时稍向前刺，沿骨沿再深刺 0.5～1.0 厘米，注药 10 毫升后将针头提到皮下注入余下的 10 毫升。

第二针在第二腰椎横突游离缘中部刺入；第三针在第四腰椎横突游离端的前角，其他步骤同前。

术式：

第一种：取左右两侧肷部切开术。

站立保定。切开皮肤，顿性拨开腹肌，真胃便暴露在创口内，或稍前下方，如果真胃内积气比较多，可用带胶管或一次性输液塑料管的针头穿刺，放气减压。术者以拳抵住真胃体，从瘤胃下方将其轻轻推移到右侧，一般这种推移不太困难；此时右侧术者从右切口入手，配合左侧术者将真胃向右拖。整复的标志是——左侧腹腔探不到真胃，右侧十二指肠及网膜恢复到正常位置。如果网膜有撕裂，应予以缝合。检查腹腔内脏无其他异常，探取幽门部网膜，作成皱褶，用十八号缝针将其固定在左侧切口边沿的腹壁上，穿透腹膜肌层皮肤作 2 ~ 3 针结节缝合。

将真胃固定好以后，向腹腔注入消毒的石蜡油或鱼肝油，放入青霉素 400 万单位 10 支、链霉素 1 克 10 支。关腹时，腹膜及肌层一次连续缝合或结节缝合，倒入少量青霉素油剂或撒粉，然后将皮肤结节缝合。缝合完涂上 3% 碘酊、碘甘油，保护伤口。

静滴青霉素 400 万 15 ~ 20 支，根据病情加葡萄糖、氯化钠以及其他药品。

第二种：右侧腹壁上切口。

站立保定。右肷部中央距腰椎横突末端 5 ~ 10 厘米，为切口上缘，向下切开 10 ~ 15 厘米。右手伸入腹腔从瘤胃下将真胃拉回，如有黏连，左手从瘤胃上方伸到左腹，将黏连分开，必要时扩大创口，左手伸入，由瘤胃上方探过瘤胃，下压真胃，右手由瘤胃下方拉回真胃，真胃复位后，将真胃固定，将网膜缝在右腹壁上。常规关腹，也可从 9 ~ 13 肋间穿出缝线在体外打结，固定真胃。单侧切口对牛刺激小，肠管不易脱出，病后期瘤胃空虚，真胃复位也较容易，术后愈合快。

第三种：右侧腹中切口。

如怀疑真胃积食、阻塞可用此切口，同时要切开真胃放气放液，取出阻塞物。切口在右季肋区采取平行肋弓斜切口，取侧卧保定。

第四种：腹下切口。

腹下切口取仰卧保定，在剑状软骨后 2 ~ 3 厘米，中线与右乳静脉间开口 10 ~ 15 厘米。有人在脐后腹中线旁 3 ~ 5 厘米处开口 20 ~ 25 厘米。此法优点是左方变位矫正较容易，网膜破损易缝合，缺点是仰卧保定患牛易发生呼吸困难，且创口缝合要牢固，否则要崩开，术后卧地创口易污染。

第五种：左侧肷部开腹。

入手检查真胃变位情况，检查真胃和左腹壁、瘤胃是否有黏连，如有黏连细心分离，先找到从瘤胃左侧纵沟延伸过来的真胃大弯，接着把双层皱壁的大网膜轻轻牵引出切口，用一根 2 米长的缝线双折，两端各穿上一根 7 厘米长的圆针，在距真胃大弯后方 1 ~ 7 厘米的大网膜上连续水平褥状缝合，尔后术者将两根缝线头（带针）分别穿出于腹中线右侧 3 ~ 5 厘米处，术者先放出真胃的气体（如前所述法），气体放完后将真胃大弯下压到瘤胃腹囊下并推向左侧，恢复原位，最后将穿于腹下的缝线在腹外打结，关腹。10 天后拆出缝线。

推移真胃较难时，切开瘤胃，导出大量胃内容物，复位后，手通过网瓣孔、瓣皱孔进入真胃内将真胃内积液导出，确认复位正确后固定真胃，常规关腹。

术后常规补液、抗菌、镇痛、通便，保护肠胃黏膜。

(1)抗菌消炎。静滴青霉素400万15~20支,一日两次,连用3~6日。肌注链霉素10克。病情严重,炎症控制不了的可并用环丙沙星和甲硝唑等药。

(2)静脉输给25%葡萄糖1000毫升,复方氯化钠1000毫升,维生素C 40毫升,反刍液500毫升,用奴弗卡因腹腔封闭,术后2日内停喂草料,可饮麸皮红糖水。

(3)内服调理肠胃的中药如加味四君子汤(党参、白术、茯苓、甘草)、补中益气汤(黄芪100克、党参30克、甘草(炙)50克、陈皮30克、生姜、大枣为引)、胃肠复原汤(生芪100克、太子参100克、苏梗50克、枳壳80克、大黄80克、炒莱菔100克、广木香60克、桃仁50克、蒲公英80克)。

(4)少量多次饮离子水(每2万毫升水中加氯化钠100g、氯化钾60克、氯化铁60克)。

七、真胃右方变位(真胃扭转)

手术:保定与麻醉同左方变位。右肷部靠前一点作切口,切口长20厘米 ,打开腹腔后,扭转的真胃就暴露于创口附近的前上方,正常右腹开口处是12指肠、结肠、小肠和真胃(如图),在真胃扭转时真胃内充满液体、气体,比正常时体积大,易于暴露在创口附近。

大多数病例需放气(用带塑管的针头刺入)排液(将部分真胃拉在创口外,切一小口排液,注意勿使胃液流入腹腔,排完缝合真胃创口)。实行减压,利于操作,在液体充盈不严重时最好可不切口排液。探查真胃扭转方向,据多数手术者反映,绝大多数是顺时针方向扭转。作与扭转方向反向整复、复位、检查十二指肠第一、二弯曲和大网膜在切口内的位置恢复正常,将幽门部上方的大网膜折成双层皱褶,缝合固定在切口附近的腹膜肌层上,最后分两层关腹，先缝合腹膜肌层，最后用结节缝合法缝合皮肤，消毒、放药缝敷料，都如前述方法。真胃扭转时由于幽门阻塞而真胃内鼓气积液，右腹肋弓膨胀。在右侧腹部听诊、叩诊，冲击可听到钢管音、溅水音，有时直检可摸到后移的真胃。

这时要与真胃阻塞、盲肠扭转、胎儿水肿、瓣胃阻塞等鉴别。尤其在开腹后更要仔细检查。

诊断为真胃扭转后，只有施行手术，其他方法很少有效。

大部分奶牛在术后 30 天可以恢复产奶量，但有部分恢复不了，下一个泌乳期可能恢复。真胃的大弯正常时是向下接近下腹壁，当顺时针扭转时大弯翻上来，可置于右腹壁与肝脏之间。如果是 90°～180°扭转时可摸到在瓣一皱孔处有明显扭索，根据扭索的扭向判断真胃扭转方向。然后逆向翻转真胃，如果是 45°扭转，翻转一次即可，如果是 180°要翻转 4 次。据江苏南通报道：因第一次翻转不到位而做了第二次手术。翻转时首先要剥离黏连部分，穿刺放气导液，真胃体积变小，术者手从真胃外侧插入胃底，紧紧捏住胃壁（带食物团块）向上向内翻转，每翻转一次胃壁交给助手，腾出手再如前插入胃底做第二次翻转，每次转 45°，每转一次检查扭索是否松开、真胃是否回到右下腹部、瓣胃是否移到正常位置、十二指肠肝门曲与幽门曲有无扭结受压现象。检查各部正常后方可固定真胃网膜、浆膜与幽门曲，关腹。

八、真胃变位的诊断要仔细进行

目前真胃变位成了奶牛产后的多发病，但通过实践证明误诊的也不少。据了解，在术中发现有的牛不是真胃变位，只好切开再缝住。另外见一头奶牛不食不反刍、消瘦为主征，时好时坏。经三十余日久治不愈，最后经几位兽医诊断为右方变位，于是决定手术，术部剪毛消毒已做好准备工作，术者发现心脏功能较差，停止手术。第十天随访,该奶牛食欲、反刍、心脏等都正常,据畜主说,兽医走后第二日就恢复正常了。另有一例,术前诊断为左方变位,术中发现真胃没有变位,切开瘤胃取出皮裤、尼龙袜等。

对于真胃变位的诊断要仔细进行,除用听诊、触诊、检查,还要检查纤毛虫、胃液 pH 值、血象等,以及 x 射线、B 超检查等,力求诊断准确、手术无误。据说有一个年轻的配种员,给一头奶牛作了真胃变位的手术。术后不久该牛即死亡。我没有考察这个传言的真实性。但通过这件事我们应充分认识到真胃变位诊断与手术治疗的科学性、严肃性。

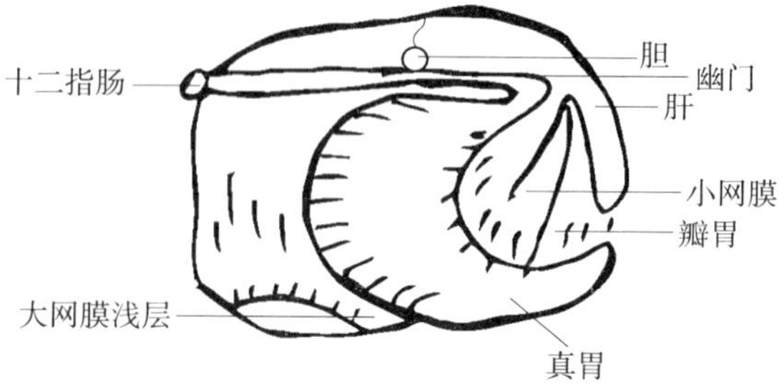

图 1–1　奶牛右侧腹内脏

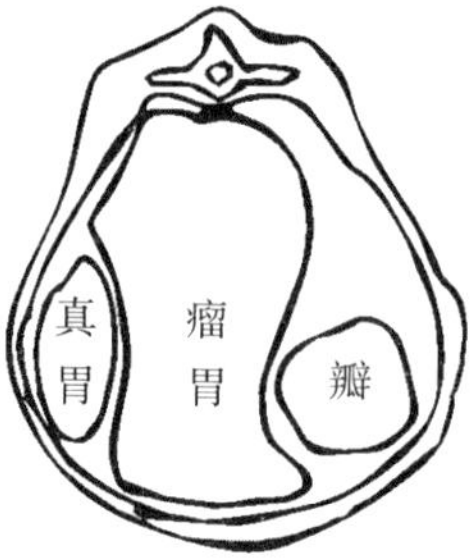

图 1–2　真胃左移

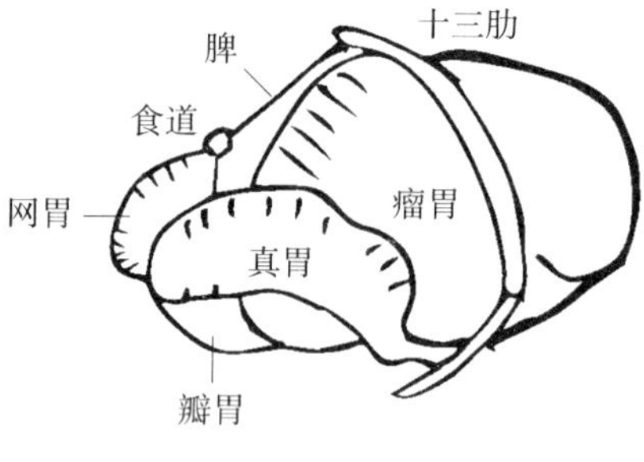

图 1–3　真胃左移

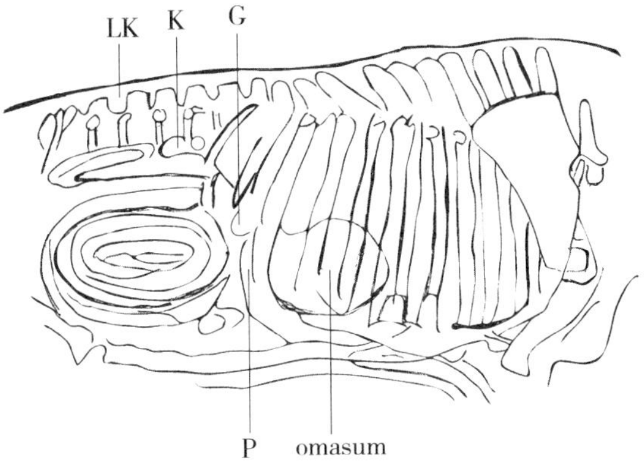

图 1－4　牛右侧内脏投影图

G. 胆囊　　K. 右肾　　LK. 左肾　　P. 胰　　omasum. 瓣胃

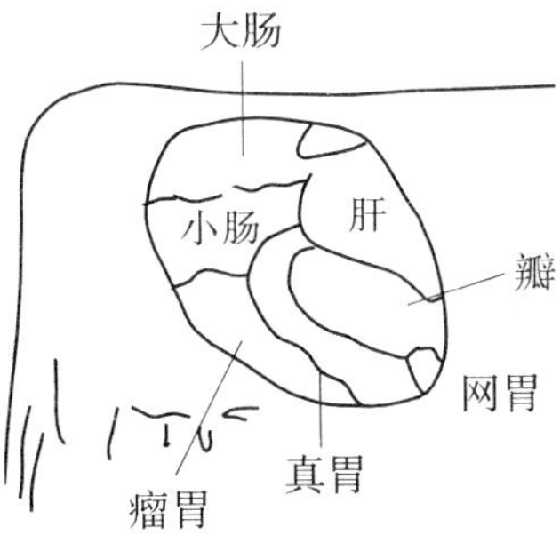

图 1–5　牛右侧内脏简图

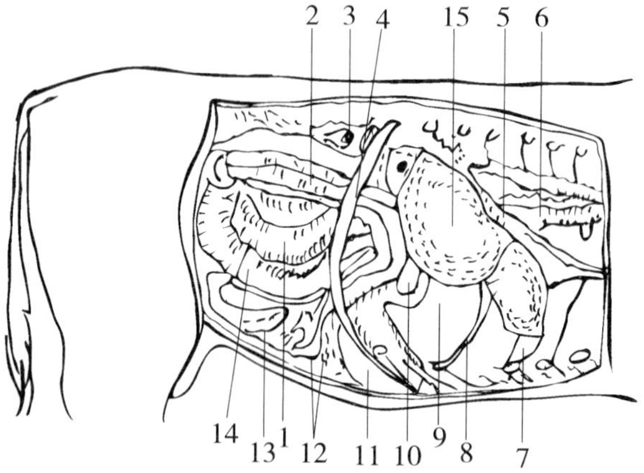

图 1-6　牛右侧内脏器官

1. 结肠　2. 十二指肠　3. 右肾　4. 第十三肋骨　5. 膈
6. 食管　7. 网胃　8. 链状韧带及肝圆韧带　9. 小网膜
10. 胆囊　11. 皱胃　12. 大网胃　13. 空肠　14. 盲肠
15. 肝

第六节　奶牛产后厌食症

奶牛产后厌食症是奶牛分娩后发生的一种与代谢、应激有关的疾病。轻症者造成泌乳减少，重症者继发其他代谢症，且久治不愈，甚至死亡。它的发病原因与妊娠期精料喂量大、青绿饲料不足、饲料中营养不全面、母牛过肥、运动不足等有关。

症状：

奶牛产犊后不食、反刍、嗳气减少或停止，站立不安，肩胛部肌肉震颤，全身出汗；病牛常有拱背伸腰姿势，并发出低沉呻吟；体温正常或略偏高；瘤胃蠕动微弱或完全停止；呼吸粗厉，心跳加快，脉搏洪大有力，鼻镜干燥；口内干臭，舌苔黄厚，病牛有时空嚼、磨牙。通常排黑色软粪或腹泻，严重者带有黏液、血液、恶臭，尿少而黄，产奶量下降。产后厌食症，有的是单纯性消化道疾病，有的是继发于其他产后疾病，如子宫内膜炎、胎衣残留、乳热症等，需在诊断时予以鉴别。

治疗：

1. 母牛产后喂给温的麸皮盐水汤 10 千克，让其自饮。

2. 益母草膏 500 克、红糖 250 克，水煎候温自饮或灌服。每日两次，连用三天。

3. 灌服人用藿香正气水 100 毫升，每日两次，连用 2 ~ 3 天。

4. 用硫酸新斯的明 2 毫克/2 毫升 ×10 支肌肉注射，每日 1 ~ 2 次，用 2 天。

5. 龙胆酊、陈皮酊、大黄酊各 100 毫升，人工盐 40 克、碳酸氢钠50克、水适量一次灌服。

6. 吗丁啉10片、医用酵母100～150片，加水适量灌服，1日2次。

此病也有人称之为产后厌食综合征。但它不一定是一种独立的疾病，可能是某一种疾病的症候群。我们在诊疗时要详细观察。

上面6种治疗方法可以同时选用，也可以斟情选用某几种。还可以根据病情静滴25%葡萄糖，10%的葡萄糖酸钙；肌注10%的安钠咖，肌注维生素B_1，静滴促反刍液等。

7. 灌服健康牛瘤胃液1000～2000毫升。如果是采自新鲜屠宰牛可连带瘤胃黏膜和多量内容物灌服。正常的瘤胃内容物可以调节瘤胃功能，新鲜瘤胃内容物含大量纤毛虫和正常菌群，它们会激活和帮助提高瘤胃的正常消化能力。

8. 中药治疗。可以灌服中成药，如大地反刍力叮咻、奶牛健胃舒、新元健胃消食散、消积散等，还可以试用扶脾散：白术（土炒）20克、党参20～80克、黄芪20～80克、茯苓40克、泽泻20～30克、青皮15～20克、木香15克、厚朴16克、甘草15克、苍术（炒）18克，共研细末，开水冲调，候温灌服，一日一剂，连服数剂。方中剂量可根据病情、病畜体重增减。本方以扶脾健胃为主。口色青黄、脉象迟细、少食少饮、毛焦吊肷、渐进性消瘦者可用此方。方中白术、苍术燥湿健脾；党参、黄芪补中益气，生津和脾；茯苓、泽泻利湿行水；青皮、木香理气化滞；厚朴宽中下气；甘草和中，故本方有补中益气、下气利水的功能。

牛由于有四个胃，给它的生理功能带来很大的便利，但是也增加了一些疾病。我们在诊断奶牛消化系统疾病时要充分考虑到这一点。

牛消化系统疾病，除口咽疾病外，常见的有食管阻塞、前胃弛缓、瘤胃积食、瘤胃酸中毒、瘤胃鼓气、瓣胃阻塞、创伤性网胃炎、真胃阻塞、真胃炎、真胃溃疡、真胃变位、消化不良、黏液膜性肠炎、肠便秘、肠套叠、肠扭转、腹膜炎、肝炎、肝硬化、肝脓疡。

第七节　前胃弛缓与瘤胃积食

前胃弛缓、瘤胃积食等前胃疾病与瘤胃酸中毒症互为因果，在治疗前胃弛缓、瘤胃积食时可以选用治疗瘤胃酸中毒的药物。下面把不同前胃疾病的重点疗法简述于后。

前胃弛缓：

前胃弛缓是前胃机能紊乱导致前胃兴奋性和收缩力降低的疾病，临床上以前胃蠕动减弱或停止为特征，伴有食欲、反刍、嗳气紊乱，常有酸中毒特征，分为原发性和继发性两类。

治疗：

1. 兴奋和增强前胃运动

内服酒石酸锑钾 6 ~ 10 克，每日一次，连用三天；或 2 ~ 4 克酒石酸锑钾加 1000 ~ 2000 毫升温水，吐酒石易沉积于瘤胃内，能引起化学性瘤胃炎，多次应用，可引起中毒反应，故应慎用。

皮下注射新斯的明一次 0.02 ~ 0.06 克（或 10 ~ 20 毫克），一般用低剂量，每隔 2 ~ 3 小时注射一次；或氨甲酰胆碱 0.04 ~ 0.006 克或 1 ~ 2 毫克皮下注射；毛果芸香碱 30 ~ 50 毫克皮下注射。

吗丁啉内服 10 ~ 20 片；也可用 5% 氯化钙加 5% 氯化钠静注；或注射维生素 B_1 或复方（VB_1）等促反刍药；静注促反刍液（5% 氯

化钠 300 毫升,5% 氯化钙 300 毫升,安钠咖 1 克,或 10% 氯化钠 100 毫升,5% 氯化钙 200 毫升,20% 安钠咖 10 毫升)。

2. 缓泻和制酵

硫酸镁 500 克,鱼石脂 10 ~ 15 克,温水 4000 ~ 5000 毫升一次内服,或液体石腊 500 ~ 1500 毫升。

中药:

(1)香醋 250 毫升、红糖 250 克、生姜 200 克捣烂,加温水投服。

(2)当归 250 克,厚朴、陈皮、枳壳、槟榔、牵牛各 50 克,神曲、麦芽、苍术、莱菔子各 75 克,甘草 40 克,生姜 35 克,共为细末,体瘦弱者加党参 100 克、黄芪 150 克,肚胀者加醋香附 100 克、木香 50 克。

前胃弛缓的腹腔封闭疗法见后。

为了促进瘤胃内容物排空,灌服泻剂,用硫酸镁 500 克,石蜡油 1000 毫升,鱼石脂 10 ~ 20 克,胃复安 40 片,四消丸(人用)30 袋,每天一次,连用 3 天效果较好。

瘤胃食滞:(积食)

治疗:

1. 按摩瘤胃,每次 5 ~ 10 分钟,隔半到一小时一次;或用木杠二人轻抬腹部并向后推摩。

2. 腹泻剂清除瘤胃内容物,用泻药后给促反刍液 500 ~ 1000 毫升或 10% 氯化钠 300 ~ 500 毫升,皮下注射氨甲酰胆碱注射液(一日 2 ~ 3 次,每次 2 ~ 3 毫升)。

3. 反复洗胃:用口径较粗的胃管,径口投管时要用开口器固定下颌,或用较大的中央带孔的椭圆形木板充分撑开口腔,以免患牛嚼烂胃管。目的是洗出瘤胃内多量饲料。也可经鼻投管。

4. 静脉补液强心，日补液量可达到5000～8000毫升，高度兴奋时肌注氯丙嗪300～500毫克，静滴8%水合氯醛硫酸镁100～200毫升，也可内服阿莫西林、四环素8～10克。

5. 危重时可切开瘤胃取出内容物，静滴谷氨酸。

6. 中药治疗。牛久病虚弱、气血双亏，应以补中益气为主，用八珍加味散，党参50克、白术50克、茯苓40克、甘草25克、当归50克、熟地50克、白芍40克、川芎40克、黄芪50克、升麻25克、山药50克、陈皮50克、干姜25克、大枣200克，水煎去渣内服，病牛口色白，耳鼻俱冷，口流清涎，水泻，应以温中散寒为主，用厚朴温中汤加味。

厚朴50克、甘草25克、陈皮50克、茯苓50克、草豆蔻40克、广木香25克、干姜40克、桂心40克、苍术40克、当归50克、茴香50克、砂仁25克，水煎去渣内服。

另方：党参50克、藜芦25克混合烘干，共为细末，开水冲服，每日一剂，连服三剂。

7. 伴有脱水、酸中毒和神经症状时补5%葡萄糖1000毫升、0.9%盐水1000毫升、5%氢氧化钠500～1000毫升、8%水合氯醛40～20毫升，静脉给药；伴有蹄叶炎时皮下注射苯海拉明等抗敏药物。

第八节 瓣胃阻塞、真胃阻塞及真胃炎、真胃溃疡

症状：

1. 瓣胃阻塞：前胃弛缓、食欲减退、口腔干燥、瓣胃蠕动先减弱而后消失。触诊右侧肋弓第7~9肩关节水平线上下，有时表现为疼痛不安。初期粪少而干、色暗成球、表面附着黏膜，后期排粪停止、鼻镜干裂、有时空嚼磨牙。瓣胃穿刺可感到内容物较硬。

2. 真胃阻塞：急性病例无神无力、左侧卧、呕吐、瓣胃蠕动音由弱到无，触诊瘤胃硬、鼓气。右侧中腹部明显地向后下方突出，冲击触诊真胃区可以清楚地感觉到积食的真胃向后方伸展，严重者可有明显硬感。触诊病牛表现敏感，病初排粪减少，后期排出少量黏糊状棕褐色恶臭粪便，混有大量黏液或黑色血丝和凝血块，尿少而浓稠，呈黄色或深黄色，具有强烈的臭味。末期脱水中毒。

真胃阻塞：腹围增大，瘤胃积液，叩诊左侧倒数1~5肋弓或右侧1~2肋弓可以听到叩击钢管音。

瓣胃阻塞：听、触、扣诊瓣胃区。

胃瓣阻塞治疗：

1. 补液、下泻越早越好，时间延长瓣胃易麻痹坏死。

2. 严重者可静注5%氯化钠300~400毫升，加安钠咖或皮下注士的宁0.03克、毛果芸香碱0.03克，无腹痛皮下注新斯的明20~50毫克或氨甲酰胆碱3~5毫升。

3. 瓣胃注射是最有效的办法。

部位：右侧肩关节线第 8 ~ 10 肋间，以 9 肋间为好。

针头：12 ~ 14 厘米长，刺向前下方，深 3 ~ 3.5 寸，不可摆动针头，以免伤到胃叶。入针后先注入 15 毫升左右蒸馏水，1 ~ 2 分后抽出液中有草沫粪味，证明已注入瓣胃。

药物：25% 硫酸钠 300 毫升与液体石蜡 350 毫升交替注入。

4. 真胃切开，通过瓣皱口取出部分或全部食物。

5. 中药方：当归 200、克大戟 75 克、青陈皮各 50 克、枳实 75 克、大黄 150 克、滑石 50 克、麻仁 250 克，水煎候温加硫酸钠 100 克，一天一剂。

6. 液状石蜡 2000 毫升，灌服，如有瘤胃鼓气加灌 20 毫升消气灵。

7. 防止酸中毒：10% 葡萄糖 500 毫升，0.9% 氢化钠 1500 毫升，20% 安钠咖 20 毫升，5% 碳酸氢钠 500 毫升，混合一次静注。

8. 中药方：大黄 60 克、芒硝（后入）120 克、当归 30 克、白术 30 克、二丑 30 克、大戟 30 克、滑石 30 克、甘草 10 克，粉碎加猪油 500 克，开水冲服（孕母牛去大戟、芒硝）。

真胃阻塞治疗：

无特效疗法。

病初行真胃切开术，取出阻塞物。

保守疗法：真胃注入 25% 硫酸镁或硫酸钠溶液 500 ~ 1000 毫升，加入乳酸 10 ~ 20 毫升或稀盐酸 30 毫升。

注入部位在右侧 12 ~ 13 肋骨后下缘、腹中线与右侧腹下静脉之间从乳房基底部向前 12 ~ 13 厘米处。局部剪毛消毒，用盐水针头向右肘方向进针 5 ~ 8 厘米，注入 60 毫升生理盐水，注入后即抽出内容物看是否混有胃内容物，如没有胃内容物，需重复进针，直到抽出胃内容物，以此证明刺入皱胃内，方可注药。

出现酸中毒症状补液治疗。

内服：胃蛋白酶 80 克、稀盐酸 40 毫升、陈皮酊 40 毫升、番木鳖酊 20 毫升，每日一次。同时真胃注入生理盐水 2000 毫升，皮下注新斯的明 0.005 克。

中药（加味大承气汤）：大黄 150～200 克、厚朴 50 克、莪术 50 克、三棱 50 克、玉片 25～50 克、香附 50 克、青陈皮各 50 克，水煎去渣加硫酸镁 300～450 克，石腊油、植物油等 5000～1000 毫升，一次灌服。

真胃炎：

症状：消化不良，触诊真胃区敏感，眼结膜与口腔黏膜黄染。口腔黏膜被覆黏稠唾液，舌苔白，便秘，嗳气，散发出难闻气味。

治疗：初期用硫酸镁或人工盐 500 克溶于温水 5000 毫升灌服。拉稀后用磺胺味 60 克、碳酸氢钠 260 克，加水 500 毫升灌服，1 日 2 次，服 5 日。

病重者输糖、盐、安钠咖等，肌注青霉素 400 万 ×8 支。

慢性真胃炎，应用人工盐、龙胆酊等缓泻健胃药，中药方可选用保和丸加减。

焦三仙 200 克、莱菔子 50 克、鸡内金 30 克、焦槟榔 50 克、青陈皮 60 克、元胡索 30 克、川练子 50 克、厚朴 40 克、川军 50 克，水煎去渣灌服。

真胃溃疡：

症状特点、治疗：

症状：腹壁收缩，按压真胃区病牛无痛疼反应，除去按压病牛表现痛疼反应（反射痛）；恶化期食欲废绝，异嗜，粪中带血，心脏出现贫血性杂音；缓解期症状缓和，易出汗；穿孔后有局限性腹膜炎，腹壁收缩，站立不动，发生虚脱而死亡。

治疗:无特效疗法,采取保护性药物如安乃近、氯丙嗪、安络血、氧化镁、钙剂静注,中药用失笑散加减。

炒当归 60 克、乌药 40 克、甘草 40 克,水煎去渣,血虚者加阿胶、枸杞,气虚者加黄芪、白术,出血者加白芨、乌贼骨。

第九节　创伤性网胃炎

症状:

消化紊乱,异物穿透胃壁之后,病牛立即呈现不安,颈部微前伸,张口示痛,中等鼓气,肘肌震颤,排粪减少,干粪,褐色至暗褐色,黏液,潜血,网胃疼痛,头颈微伸展和低垂,拱背站立四肢聚拢于腹下,立多卧少。

诊断:

捏背试验、下坡试验、扛抬胸下部、金属探测器——吸铁探测、腹腔镜检查、腹腔穿刺——穿刺液呈浆液纤维蛋白性,能在 15 ~ 20 分凝固,x 线检查。

创伤性网胃炎,或已形成创伤性心包炎。建立诊断后立即处理。优良种畜可行手术治疗。

创伤性网胃炎(心包炎)往往在围产期突显出来,影响诊断;如已在围产前期,可设法维持到产犊以后,再行处理。

第十节　奶牛瘤胃酸中毒的诊治

奶牛瘤胃酸中毒是围产后期常见病,往往与瘫痪混淆。

一、发病原因

长期舍饲尤其长期拴系的奶牛容易引起瘤胃酸中毒;农村养殖户为了追求较多的产奶量,在产犊后突然改换可口的饲料,并加大喂量,结果因采食过量精料,引起奶牛瘤胃酸中毒;长期饲草料配比不当,过量饲喂块根类、酒糟、啤酒糟以及酸度过高的玉米青贮等均易造成奶牛瘤胃酸中毒。

二、发病机理

维持瘤胃内正常 pH 值的因素:虽然瘤胃内食物发酵会产生大量酸,但在正常情况下,瘤胃内容物的 pH 值是相对稳定的。其调节机制主要是:

1. 食入含有大量碳酸盐、磷酸盐的草料和缓冲能力很强的蛋白质,中和缓冲了部分有机酸。

2. 一个高产奶牛,每天分泌唾液 300 升,含有 3.18 千克碳酸钠和 1.14 千克磷酸氢二钠。这些碱性物质有效地调节了胃内的酸碱度。

3. 瘤胃内微生物代谢中利用了部分有机酸。

4. 通过胃壁吸收,经血循环分散到全身。

5. 瘤胃中部分酸以挥发性脂肪酸(VFA)和氨的形式随食糜进入后消化道,缓减胃内酸度(pH)。

三、瘤胃酸中毒的发生过程

1. 奶牛摄食或误食过多易发酵的精饲料，由于能量和碳源充足，所有的微生物加速生长。挥发性脂肪酸浓度升高、pH 值下降到 6 左右，瘤胃内主要产酸菌，牛链球菌的数量明显增加，而乳酸利用菌、反刍兽新单胞菌和埃氏巨型球菌的增长速度相对较慢，精料被发酵产生大量乳酸不能被及时利用而积累，pH 值降到 5.5 左右。

2. 如果碳源、能量充足，牛链球菌继续生长繁殖产生更多的乳酸，使大部分细菌包括乳酸利用菌死亡，产生大量乳酸，微生物不能利用而滞留在瘤胃中，pH 值下降到 5.0 以下，引发急性瘤胃酸中毒。

3. 如果能量、碳源不足，在瘤胃 pH 值降至 5.5 时，牛链球菌生长受阻，并最终使其与乳酸利用菌数量相对持平，pH 值长期反复维持在 5.5 ~5.8 之间，就形成了慢性瘤胃酸中毒。

4. 瘤胃内积累的乳酸通过胃壁大量进入血循，到达肝脏，而肝脏不能及时对乳酸代谢消除，血液中乳酸浓度升高，可以引起代谢性全身酸中毒。同时乳酸分为 L 型和 D 型两种，肝组织中只有 L－乳酸脱氢酶，可将 L－乳酸转化为丙酮酸，而无法转化 D－乳酸，造成 D－乳酸在血循中的积累，造成全身性酸中毒。

四、瘤胃酸中毒的危害性

急性瘤胃酸中毒时，瘤胃酸度下降，渗透压升高，血液中 pH 值降低，机体严重脱水，若治疗不及时，死亡率高达 90%。

慢性病例虽然死亡率较低，但饲料转化率降低，奶产下降，生长发育受阻，时好时坏，消耗大量治疗费，造成严重的经济损失。

慢性瘤胃酸中毒发生时，瘤胃内低 pH 值和高乳酸浓度可持续数月甚至数年，同时引发瘤胃炎、瘤胃角质化、蹄叶炎和腹泻等。

瘤胃中低 pH 值环境，有利于毛球菌、根霉菌、坏死梭状杆菌和化脓棒状杆菌的生长、繁殖，这些真菌繁殖并侵袭瘤胃胃壁上血管，引发血栓和梗塞，也可直接扩散到肝脏，引起肝脓肿。据日竹内正太郎等人研究，在瘤胃静脉接种坏死梭状杆菌，接种后二日内死亡，剖解见肝脏上形成坏死灶。有的不表现症状，但到 9～21 日解剖可见肝脓疡。本人在剖检病死奶牛时，常见肝脏上有坏死灶或脓疡，说明它们生前患有慢性瘤胃酸中毒。坏死梭状杆菌是瘤胃中常在菌，当环境适宜时大量繁殖，侵入肝脏，形成肝脓疡，使瘤胃酸中毒病情恶化，甚至死亡。

五、临床症状

轻型：

症状较轻，初期食欲减退，瘤胃胀满，收缩无力，蠕动次数减少，排黑色稀便，体温稍升高。

中等型：

病牛精神沉郁，食欲废绝，反刍停止，口流多量酸性黏液，胃区触诊敏感，排水样恶臭、稀便，有时带血、黏液、黏膜等。泌乳量降低 10% 左右，肌肉震颤，磨牙，呻吟，空嚼，肢体末端出冷汗，尿量减少，眼球下陷，巩膜冲血，眼结膜呈弥漫淡红色，舌色红而发黏，瘤胃液偏酸，血液 $CPCO_2$ 结合力显著降低，呼吸浅快，体温偏低。

重症型：

病牛卧地不起，头颈向腰部弯曲，瘤胃停止蠕动，瘤胃内容物逐渐变成液态状，鼻镜干燥、龟裂，可视黏膜发绀，口腔及舌干燥而发红色，角弓反张，泌乳停止，呼吸困难，心跳节律不齐，心搏动 100～140 次/分，后期心力衰竭，体温低于 37℃，陷入昏迷状态，卧地四肢滑动，瞳孔放大，出现神经症状，此时如不及时抢救，一般数日或数小时内死亡。

本病常继发于瘤胃积食、鼓气、弛缓，创伤性网胃炎、瓣胃阻塞等病。

一般采食粉碎谷物比未粉碎的发病快，特别是采食富含淀粉的谷物和大量黄豆的危险性较大，有的无前驱症状，采食后 3 ~ 6 小时死亡。

六、剖检变化

血液凝固不良、呈褐色，心外内膜、胃肠黏膜、浆膜均有大小不等的出血点，肝肿大，质地脆软，肾淤血、脾脏髓质增多，瘤胃黏膜潮红，有出血斑，有的坏死脱落，瘤胃内容物稀薄胀满，真胃充血，溃疡，肠内容物呈糊状，肠黏膜出血坏死，肌层水肿，肠系膜淋巴结水肿，脑膜充血。

七、实验室检测诊断

1. 瘤胃内容物检查：用 pH 试纸测定瘤胃液酸度，pH 平均值 4.2，有的 4 ~ 5 或 3 ~ 5。

2. 血液的检查：红细胞压积平均达到 40% 以上，红细胞比积增高，血中乳酸含量增高，血清内毒素呈阳性。

3. 用酸碱滴定法测定血液 $CPCO_2$ 结合力。

加入 0.01 毫摩/升酚红指示剂 2 滴，血清 0.1 毫升和 0.01 毫摩/升盐酸 0.5 毫升，即呈现樱桃红色反应（未加入 0.01 毫摩/升氢氧化钠）结果显示血液 $CPCO_2$ 结合力下降。

4. 采用纤毛虫计数板测定瘤胃中纤毛虫密度。正常奶牛纤毛虫数为 5.26×10^5 个/毫升，患病奶牛瘤胃中纤毛虫数减少，有的减少到 2.86×10^5 个/毫升。

八、治疗措施

病牛在病初尚有食欲时及时停喂精补料，喂给优质干草。加强护理，纠正瘤胃酸中毒，恢复瘤胃蠕动及其消化功能。

静注5%碳酸氢钠500～1000毫升、复方氯化钠1000毫升、5%葡萄糖1000毫升、50%葡萄糖300毫升，同时静注庆大霉素100万国际单位，一日两次。便血的肌注维生素K_3等止血药。为了兴奋瘤胃，皮下注射新斯的明或毛果芸香碱。为了促进乳酸代谢，肌注维生素B_1 0.2～0.4克。为了强心可注射20%安钠咖15毫升、40%乌洛托品注射液40毫升。

口服复方碳酸氢钠可溶性粉，含碳酸氢盐、钾盐、亚硒酸钠。用于酸碱平衡。

如有鼓气，首先要进行胃管放气或套管针放气。如果瘤胃基本停止活动可在放气后把套管针留一段时间，约为3～4小时，以随时排气。如果瘤胃活动幅度大，则不能留针，以防滑脱或划伤胃壁。

如胃内容物较多，呈稀糊状，可用胃管直接导出，如果不是糊状，但不太坚硬，放气后灌入10%石灰水上清液4000～8000毫升，反复洗胃，或用1%氯化钠，或碳酸氢钠溶液，用粗胃管反复导胃，导出的胃内容物pH值呈中性或偏碱性时停止。最后注入克辽林20毫升或其他药物进行制酵。胃内容物坚硬时，可切开瘤胃取出坚硬的饲草料，用10%碳酸氢钠冲洗，最后放入健康牛的瘤胃内容物，关闭瘤胃和腹腔。

治疗本病主要是降低胃内酸度和渗透压，防止继续酸中毒，用石灰水治疗洗胃，不仅可以将发酵载体直接排出，而且可以中和过量的酸。但同时要注意不能让石灰水对瘤胃黏膜造成腐蚀损坏，用石灰水洗胃时浓度不能高，用量不能太多，一般用生石灰1千克，加水7升左右搅匀，静置几分钟取上清液3～5升洗胃。

冲洗后，灌服石蜡油500～1000毫升、鱼石脂15～20克、陈皮酊60～100毫升、大黄酊80～100毫升，以缓泻、制菌、健胃。

如果切开取出积食，用石灰水冲洗后，接入健康牛瘤胃液1～20升。

治例：

一头诊断为瘤胃酸中毒的奶牛，当日用中成药温脾散250克、大黄苏打500片灌服。次日用平胃散250克、促反刍散100克灌服，同时静注10%葡萄糖1500毫升，0.9%盐水1000毫升，加入5%碳酸氢钠400毫升，肌苷20毫升，肌注，20%安钠咖20毫升，庆大霉素100万单位，每日一次，连用四天痊愈。

奶牛瘤胃酸中毒常继发于瘤胃积食、扩张、弛缓等消化系统疾病，也继发于其他引起消化紊乱的疾病，在治疗瘤胃酸中毒时，还要积极治疗原发病并对症治疗。

参考组方：25%葡萄糖1000毫升、促反刍液500～1000毫升、复方氯化钠1000毫升、10%安钠咖20毫升、10%葡萄糖酸钙500毫升，静滴。

口服碳酸氢钠200克、人工盐200～400克、反刍力叮咻250克（中成药）、吗丁啉20～40片、大黄苏打200～250片。

肌注或随上液静滴丁胺卡那霉素、庆大霉素100万单位。

在治疗奶牛瘤胃酸中毒时，要注意结合防治奶牛瘫痪病。瘤胃酸中毒治疗原则是：

①用小苏打、石厌水等碱性药物洗胃中和瘤胃中过多的酸性产物。

②用鱼石脂、高锰酸钾、磺胺脒、庆大霉素、土霉素等药物防治乳酸菌的过度繁殖产酸。

③用人工盐、猪脂、大黄苏打等药缓泻，加速胃内酸性内容物排出。

④灌服健康牛瘤胃液或反刍食团（多量）以补充被酸性胃液

杀死的多种纤毛虫和正常的消化菌群。

⑤用肝泰乐保肝解毒,肌苷防治肝胆炎症,用三磷酸腺苷、辅酶 A、18 种氨基酸等,防止肝昏迷,增强机体能量。

⑥中药用大戟散(元亨疗马集):大戟 23 克、滑石 60 克、甘遂 23 克、牵牛子 60 克、黄芪 30 ~ 100 克、芒硝 66 克,共为末,开水冲,候温加猪油 0.5 ~ 2 斤同调灌服。

主要用于治疗奶牛水草胀肚。

本方减去甘遂,加麦芽、山楂、大曲、黄芩治疗牛草宿不转,用于牛体壮实的奶牛。本方加倍黄芪加黄芩,称川肠散,治疗草料伤脾胃。

本方加党参、甘草有加强下泻、逐水、促进胃蠕动的作用。根据《中华人民共和国药典》(1977 年版)载:"甘草不宜与大戟、芫花、甘遂同用",大戟、甘遂与甘草是中药十八反之一。但一些临床兽医应用本方加甘草效果较好,用药后,快者 4 小时后下泻,慢者也在十几个小时后开始下泻。甘草与大戟、甘遂是明确的反药,应用时一定要在有经验的兽医指导下掌握好应用的配伍、剂量、时机,以免出现不应有的损失。

或选用:当归、川芎、乳香、没药、元胡、黄芩、黄栢、柴胡、香附、神曲、山楂、滑石粉煎汤灌服。根据治疗目的设定用量。

在治疗奶牛瘤胃酸中毒时要区别奶牛碱性瘤胃弛缓。

奶牛不饲喂高蛋白精料时瘤胃内会产生大量的氨,是一种碱性物质;尤其户养奶牛发现食欲不振,往往要灌小苏打,这些都造成血液碱储升高,表现为碱中毒。

此时灌食醋 500 毫升左右,加水 2000 毫升即可缓解。

对症治疗:蹄叶炎,用抗组胺药、盐酸苯海拉明、异丙秦、扑尔敏等抗过敏药。

防治休克,可酌情使用地塞米松、肾上腺素。有神经症状可用镇静药,消炎用青霉素、链霉素、四环素、庆大霉素等。

九、预防措施

1. 认真执行饲养标准,严格控制精料喂量,需要增加精料时,要适当在奶牛日粮干物质中加入1.5% ~2% 碳酸氢钠缓冲胃内pH值。

2. 在奶牛围产期喂给高粗日粮,高粗日粮产酸度慢,并可刺激咀嚼释放大量的碱性唾液,使瘤胃pH值维持较高水平。产犊后日粮标准要逐渐提高,不能突然提高,因为乳酸转化菌对日粮改变反应慢,而乳酸生产菌反应快,胃功能和瘤胃菌群都要有适应过程,否则就会因产酸过多而发生瘤胃酸中毒。

目的是抑制乳酸产生菌,刺激乳酸利用菌或吞食淀粉原虫的活性。同时要降低添加剂的用量。

3. 密切注意气候变化,防止奶牛受凉感冒。

4. 保持饮水卫生。

5. 调控有机酸的产生与利用,可在牛的肥育精料中添加莫能菌素30毫克/千克体重,能有效降低瘤胃中甲烷、挥发性脂肪酸、乳酸的产生。

6. 奶牛饲料中添加泰乐菌素,可预防肝脓肿的发生。

7. 通过瘤胃接种埃氏巨型球菌,加速乳酸利用,从而有效抑制瘤胃乳酸蓄积。

第十一节　奶牛瘤胃、真胃积液积沙

瘤胃真胃积液不是一个独立的疾病，是几种前胃疾病一个较突出的临床表现。往往因治疗不及时或失误致奶牛死亡。

引起奶牛瘤胃真胃积液的病主要集中在下列几个疾病中：

1. 原发性前胃弛缓。后期前胃和真胃出现炎性反应时，分泌增加，胃内菌群失调、内容物异常分解，乳酸和中毒物质大量增加，而又不能及时消除，致使真胃瘤胃内积液而全身脱水。

2. 迷走神经性消化不良。常可致幽门功能狭窄和真胃阻塞。幽门狭窄时，独特的体征就是左、右两侧腹中下部冲击触诊均可感到振水音；直肠检查可摸到异常膨大的真胃，右腹肷窝部塌陷而腹后下方鼓出，形似梨；左侧肷窝部突隆，复侧部亦匀称地鼓出形似苹果状，整个腹部的轮廓呈“梨—苹果”形。

真胃阻塞是由于胃壁平滑肌麻痹、弛缓而幽门括约肌紧缩导致胃内容物后送困难，甚至中断，此时真胃内液体不断增加，不能送往小肠回收，机体发生脱水现象，同时真胃阻塞后，通过内脏—内脏间反射途径，使前胃弛缓，瘤胃出现大量积液，机体脱水自体中毒。

3. 真胃右方变位。这是一种常见的致两胃积液的病原。真胃右方变位大部分是在产犊后 3 天到 4 周发生。造成瘤胃真胃积液的机理，首先是真胃弛缓，积滞液体和气体，逐渐扩张并向前方或后方移位。经过一段时间胃壁膨胀弛缓，在此基础上由于起卧、分娩等较大因素的冲击使真胃发生扭转，造成瓣胃真胃结合部和幽门曲折闭塞不通，进而继发瘤胃积液。

4. 急性瘤胃酸中毒时，前胃弛缓也会造成瘤、真两胃积液。最近在剖检中见到一瓣胃积液病例，液体和草团分离，同时见到真胃积液和积气，但充盈不太严重。生前按瓣胃秘结治疗，治后24小时死亡。

临床症状：

病初，食欲减退，反刍延迟，缓慢无力，身体逐渐消瘦，排粪迟滞或稀少，泌乳量下降。若治疗不当，延续3～4周后则表现为精神沉郁、形体衰弱、被毛干燥而无光泽、腹部明显膨胀下沉；开始时右腹部膨大下沉明显，看上去像一个临产奶牛；继而左腹也下沉膨胀。听诊瘤胃蠕动音几乎没有。用拳头冲击左、右膨大部分可听到明显的振水音。病畜喜卧，站立不能持久，强迫站立后蹄经常倒换负重。胃肠蠕动微弱，鼻镜干燥，眼眶下陷，眼球凹陷，皮肤干燥、弹性降低，口腔少液甚至干燥；体温偏高，呼吸稍快，脉搏增数，心音低沉，尿量减少、色黄；粪便少，时干时稀，呈完谷不化状，有草纤维、料粒等，少见有黏液，色褐黄或灰绿；喜饮水。

治疗：

中药方：处方用大戟散，利水除湿、消除胀满。

大戟30克、甘遂30克、牵牛20克、续随子20克、瞿麦20克、黄芪30克、白术20克、茯苓30克、甘草15克、当归30克、川芎20克、赤芍20克、生地30克、陈皮30克、枳壳30克、红花20克、神曲30克、干姜20克，共为细末，加猪油500～1000克，同调灌服。应用时可根据牛体质情况、牛体大小适当加减。约在10小时后出现腹泻，出现腹泻后48小时不需再给其他中药。第三天改服以八珍汤（党参、白术（炒）、茯苓、甘草、当归、白芍、川芎、熟地黄）为君，以猪苓泽泻、木通等渗湿利水药为臣的汤药，并佐以理气健脾、消食导滞药一剂，隔日再给一剂，减利水药，增加理气健胃消导药。

灌服石蜡油500～1500毫升，如同时有瘤胃鼓气，灌服消气灵1～2瓶。

静滴：25%葡萄糖1000毫升、复方氯化钠500～1000毫升、5%氯化钙200～300毫升、20%安钠咖20～40毫升、10%磺胺嘧啶钠300毫升、维生素C（1克/10毫升）40毫升、30%安乃近30～40毫升，一次静脉输入。

肌注：地塞米松20毫克、速尿（20毫克/2毫升）20毫升，两种药分别肌注。

以后根据病情静脉输注高渗糖或高渗盐水和促反刍液（内含葡萄糖、葡萄糖酸钙和C. N. B.），肌注比塞可林、维生素B_2等。

如果瘤胃积水严重可用胃管插入胃中导出部分液体，接着灌入健康奶牛瘤胃内容物。

结合诊断进行原发病的治疗，如果真胃扭转要及时手术矫正真胃及相关脏器位置；如因瓣胃阻塞，可行瓣胃注射，注入25%硫酸钠或石蜡油，两药交替注射；如真胃阻塞或瓣胃阻塞用药物无法打通时，要及时手术取出阻塞物。

迷走神经性消化不良所致幽门狭窄、胃内容物推进受阻，应以缓泻促反刍及抗酸为主。

曾遇一例瘤胃严重积液的病牛，左侧腹围很大，冲击有明显的溅水音。经当地兽医多次治疗不愈后决定手术治疗。切开瘤胃取出约40千克水样胃内容物，瘤胃中尚留下部分胃内容物（是为了保留一部分胃内纤毛虫和不同菌群，因当时没有健牛瘤胃内容物可替换，所以没有完全取出瘤胃中的水和饲料）。当时伸进手探测未找到明显阻塞部位，然后关腹。三日后该牛死亡。

剖解中发现是因瘤胃底部瓣胃积沙而引发的瘤胃严重积液。

牛瘤胃积沙的诊治病例：

症状：病牛不食草料，不反刍，鼻镜时干时湿，精神不安，目光凝视，左侧肷窝胀满；排粪动作时间较长，但往往无粪排出，偶尔排出一些黑色软粪，可以见到黄色沙粒。触诊腹部时躲闪或踢蹴，左下腹部坚硬，听诊瘤胃蠕动音消失，体温、脉搏、呼吸正常。

该牛有前胃弛缓病史，发病前一周牛舍垫新沙子，该牛有吞食现象。触诊腹部疼痛。诊断为瘤胃积沙。

治疗：（1）液体石蜡 2000 毫升，硫酸钠 500 ~ 750 克，配成 4% ~6% 水容液，分别用胃管投服，上、下午各一次，直到两天后能顺利排出软粪，食欲反刍有所恢复时，再减少石蜡油至 1000 毫升，上、下午各一次，停用盐类泻药，直到两天后，食欲好转，粪内不含沙子。（2）在瘤胃开始蠕动时，使用新斯的明 0.01 ~0.02 克，促进瘤胃内容物的运转和排出。发病期间体温正常。（3）发病期间坚持牵蹓病牛。

此牛患病后及时发现及时治疗，所以很快治愈。如果是慢性泥沙沉积在瘤胃或其他前胃中是很难快速治愈的。

油、盐泻剂合用以油为主，后期忌用盐类泻药，以保护瘤胃黏膜；瘤胃兴奋药，在瘤胃音完全消失并伴有气胀时不宜使用，在瘤胃蠕动音开始出现时使用疗效显著，心脏功能不完全的牛与孕牛忌用。在饲养中要保证盐和矿物质的喂量，可以舔盐砖，以防奶牛异食。

据报道，补中益气汤加减可治疗奶牛胃肠积沙。

治例：

舔食泥沙是奶牛肠胃道积沙的主要原因，这种异嗜可能与长期舍饲及某种营养物质供应不上有关。

症状：前胃弛缓，间歇腹痛，患牛迅速消瘦。初期患牛饮食不见异常，只见粪中带有泥沙，以后随泥沙增加食欲时好时坏，反刍少且慢，奶产下降，逐渐消瘦。在天气阴冷时腹痛明显，排粪时痛苦努责，次多量少，粪色发黑且带泥沙，严重时食欲废绝，磨牙，胃肠蠕动全无。多口色青白，口内黏臭，呼吸、脉搏、体温正常，但如发生胃肠炎黏膜坏死则有变化。

治疗：病初胃肠蠕动正常时，在饲草料中加入蒿籽 250 克左右，亦可投服石蜡油，防止再舔食泥沙。

对食欲时好时坏的病牛，给促反刍药、油类泻药无效时，用补中益气汤加减治疗。

处方：党参、黄芪、升麻各 100 克，当归 40 克，陈皮 30 克，草蔻 60 克，三棱 30 克，莪术 30 克，二丑 40 克，滑石 60 克，猪苓 60 克，共为末，加猪板油、石蜡油、蒿籽灌服，日服一剂。一般 1 ~3 剂即可。

加减：有热象时加大黄、黄芩；胃肠麻痹严重时加槟榔、千金子；当喘息时，加桔梗、杏仁；对妊娠奶牛减去三棱、莪术、二丑、滑石，加白术、五灵脂。

本方具有兴奋胃肠道、促进胃肠蠕动和分泌的功能，其作用迅速持久，对治疗奶牛胃肠积沙有良效。

该症在治疗中，忌用容积性盐类泻药，以防泥沙沉底后不好将沙推出。

第十二节　奶牛瘤胃鼓气

奶牛瘤胃急性鼓气是奶牛的常见病，它是许多病的一个症候，不是独立的疾病。它往往继发于瘤胃积食、瓣胃阻塞、肠梗阻、产后厌食、食道阻塞、真胃扭转、溃疡、创伤性网胃炎等多种疾病。主要变化就是在瘤胃内迅速积聚大量气体，致瘤胃很快扩张，使瘤胃容积急剧增大，胃壁发生急性扩张并呈现反刍和嗳气障碍。主要发生于牛羊。

病因：

原发性瘤胃鼓气主要是由于采食了大量易发酵的饲草料，或由舍饲转入放牧后突然吃了鲜嫩易发酵的饲草而引发的，常迅速胀肚鼓气。

现在奶牛大都是舍饲，放牧者极少，但如果饲喂了大量青割的苜蓿 、三叶草 、豌豆藤、健宝、高粱等饲草也会发生瘤胃急性鼓气，喂了腐败变质的饲草料、发霉变质的玉米秸秆、冻萝卜、冻土豆、品质不良的青贮玉米，都会引发瘤胃鼓气。尤其是吃了未开花而量大的青割苜蓿草后，由于它们含有丰富的皂角苷，食后会产生泡沫性鼓气，治疗比较困难。

继发性瘤胃鼓气主要是由于前胃机能减弱、嗳气障碍或由于后段消化器官阻塞，气体过不去，胃内容物在胃内形成的气体不能正常排出，聚积瘤胃中。常引起慢性瘤胃鼓气。

奶牛瘤胃中生活着大量具有不同功能、不同种类的多种微生物。这些微生物在温度 38℃ ~42℃，pH 值 6 ~ 7 的瘤胃内，食物和水有稳定的来源。瘤胃内渗透压与血液相近，有厌氧条件，给厌氧微生物创造了良好的生存繁殖条件，同时这些微生物也是奶牛瘤胃中消化分解各种营养的主体，它们在分解代谢这些纤维素、糖类、蛋白类饲料的同时产生了大量的气体，如二氧化碳和甲烷气，还有少量的氧气、氢气等。正常情况是通过嗳气排出。

当瘤胃内情况发生变化，如异常发酵会使 pH 值下降，此时会使一些不耐酸的菌株，如牛链球菌繁殖占优势，产气量增加，由于排气功能如嗳气、后排等受阻，会造成气体在瘤胃内大量聚积。再加上由于神经反射作用致瘤胃收缩加强，更会出现腹痛、痉挛，气体排出更加困难。

症状：

原发性常于采食发酵饲料之后 15 分钟发生，也有迁延到 12 小时才发生的，这要看食入饲料的种类和数量。病畜精神沉郁，食欲、嗳气、反刍完全停止。病初肠蠕动音正常，在鼓气不严重时瘤胃蠕动音尚有，但强弱不等。以后瘤胃和肠蠕动音完全没有了。急性病例出汗、惊恐、骚动不安，低头弓背，回头顾腹，后蹄踢腹，有的前蹄刨地；肷窝迅速鼓起，左侧常可高出肠骨外角或背线；左肷部皮肤紧张，叩之呈鼓音，有时呈金属音，触之坚硬；呕吐罕见，瘤胃中有明显的捻发音。

此时因横隔膜被挤前移，呈呼吸困难，常胸式呼吸、张口、伸舌、流涎。迅速出现缺氧症候，可视黏膜充血变为淤血，发绀、呈紫蓝色。心跳逐渐加快，达到 100 ~ 120 次/分，静脉怒涨，运动失调，行走摇摆，站立不稳。初期排粪，以后停止，尿频但量少；后期呻吟、痉挛、倒地、窒息、中毒或因横隔膜破裂而死亡。

继发性的发病缓慢，病牛食欲下降，左腹膨胀，膨胀程度较急性者轻，间歇性发作，严重时呼吸困难，减轻时会恢复正常。病情可持续数周，发生便秘或下痢，渐进性消瘦、衰弱。常与原发病同期发展。

病程长短与治疗有关。如正确及时，1 ~ 2 小时内就可以恢复正常；如迁延日久会继发肠炎等消化道疾病。

剖检变化：

高度膨胀的瘤胃、瘤胃破裂者少见，因瘤胃破裂前患畜已窒息死亡。肺脏充血，肝脾压迫性贫血，浆膜下出血等。

治疗：

1. 排气

轻度鼓气，可用一小木棒，涂上松馏油或大酱，横放在奶牛口中，用绳固定在头角后部，将牛牵到斜坡上，头向上，前身提高，食道口（喷门）位于饲料糊的气体中，并在左侧肷部腹部、进行按摩（孕母牛右侧不可按摩），不断在瘤胃各部各处用双拳反复深深缓缓按压，可使气从胃内容物中上升，通过食道口嗳出。

严重的病例，气体已从饲草料糊中分离上升到瘤胃顶部，可以插入胃管放气，但胃管插入喷门口即可，插得深了会被瘤胃中草料堵塞。此时可预备一根能自由插入胃管中捅通的软铁丝或胶管等，也可用洗胃的方法慢慢将胃内容物洗出一部分。高度鼓气时，气体已集中于瘤胃穹窿部，可用套管针穿刺放气。如牛皮太厚扎不进去也可用大于16号的较长针头刺入放气，事先预备一根细铁丝捅针。

最严重鼓气病例，可行瘤胃切开术，清除部分瘤胃内容物，以急救病畜生命。

放气后接种健康牛胃液3～6升。用25%普鲁卡因50～100毫升，青霉素100万单位注入瘤胃。放气时不能太快，以防腹压突然下降，心肺功能不适应，而致心脏骤停或脑贫血昏迷等。

在胃管放气时，要用牛开口器将牛下颌撑开固定好，或用一根中间有孔足以充分撑开牛嘴的木棍撑开牛嘴，固定好，以防牛嚼烂胶管。

2. 药物治疗

不管用套管针放气或胃管放气，在拔出套管针以前要由该针注入1%～3%甲醛溶液，500毫升以上，或1/5000的高锰酸钾500毫升，或2～3瓶消气灵溶于常水中灌入。

对泡沫性鼓气可灌服土霉素、阿莫西林、磺胺脒等抑制发酵菌，用酒精和亚丁醇20～30毫升灌入瘤胃。亦可内服豆油、胡油、石蜡油等250毫升以上作为消泡剂。内服或瘤胃注入松节油30~60毫升等。

处方:鱼石脂10~15克(15~30克)、松节油20~30毫升,加酒精40~100毫升制成合剂灌服,对泡沫性和非泡沫性鼓气均有良效。结合灌服二甲基硅油(消胀片)30~60片(15毫克/片)或加稀盐酸10~30毫升,对非泡沫性鼓气可内服镁乳(8%氢氧化镁混悬液)或氧化镁50~100克,加水500毫升。

为了排除胃内发酵内容物,可用轻泻剂,如人工盐400~500克,蓖麻油250~400毫升、石蜡油500~1000毫升及其他盐油类泻药。

制酵可用乳酸15~20毫升加水1000毫升内服。也可用鱼石脂15~20克加75%酒精100毫升、加水500毫升内服。或用醋2斤、食油1斤、水1斤混合内服。氧化镁50~100克加水500毫升内服,疗效较好。

不管何种鼓气都可灌服消气灵1~3支,效果较好。

泡沫性鼓气可给表面活性剂,如聚羟亚羟浓缩型口服剂,植物油清除泡沫。如在产褥期出现鼓气,体温正常或稍低,末梢冰凉,瞳孔光反应迟钝,卧地虚弱,可疑为低血钙,应进行对症治疗,以10%葡萄糖酸钙或葡萄糖氯化钙静滴。

若伴有发热、肠梗阻、局灶性腹痛,可能是腹膜炎,要大剂量使用青链霉素,丁胺卡那20毫升或头孢类药。

食道阻塞,损伤,表现为流涎、不安、伸颈、腹胀。

如因阿托品或甲基东莨菪碱造成的气性鼓气和肠阻塞,可胃管放气。一般在给药48~72小时症状缓解。

还可根据不同情况采用:

1. 大蒜4两捣碎,香油6两,醋8两混合灌服。

2. 硫酸钠 300 ~ 500 克，鱼石脂 10 ~ 20 克，干姜末 30 ~ 60 克温水 2 升灌服，多用于吃了腐败饲料的病例。

3. 增加瘤胃蠕动力：灌服吗丁啉、胃复安、维生素 B_6 或前胃康等以及维生素 B_1 为主组成的成药，以及白藜芦根茎 3 ~ 5 克水适量，马前子酊 8 ~ 15 毫升，槟榔末 15 ~ 25 克，水适量，酒石酸锑钾 4 ~ 8 克，水适量，灌服。可选用一种或两种以上混合灌服。

静注：10% 氯化钠溶液 200 ~ 300 毫升，促反刍注射液 500 ~ 1000 毫升，VC20 毫升，CNB20 毫升等配合进行治疗。或灌服 VB_2、VB_1、丁胺卡那、庆大霉素；灌服诺氟沙星、氧氟沙星。

中药治疗：

方一：莱菔籽 150 克，芒硝 200 克，滑石 100 克，共为末，加食油 1 斤、醋两碗同调灌服。

方二：烟叶末或烟丝 200 克、菜籽油 250 毫升揉成团灌服。

方三：炒莱菔籽 62 克、芒硝 30 克、枳壳 30 克、二丑 24 克、大黄 24 克、木香 18 克、青皮 24 克、川朴 24 克、甘草 18 克，共为末，开水冲，候凉灌服。

方四：枯矾 4 钱（13 克）、陈醋半斤、麻油 6 两，将枯矾研为细末，与其他药混合加入温醋半斤，内服。

针灸：针刺知甘、脾俞、顺气、滴明等穴。

顺气穴治疗：即打开牛的口，掀起上唇，见到上颚第一褶间的正中有两个小孔，此即是顺气穴，可用 20 ~ 30 厘米长的嫩树枝（剥除表皮和叶痕，使之光滑，软硬适中而挺直），小心插入孔内，慢慢向里推进，至碰到阻感时为止，枝端露于孔外 2 ~ 3 厘米，条枝不必取出。术后不久，即可排尿，拉屎并有嗳气。腰部不断收缩，膨胀逐渐消失。

第二章　奶牛围产期低血钙病防治

第一节　围产期奶牛钙代谢

一、钙在奶牛机体中的作用

身体总钙量的99%以上和总磷量的80%以上存在于骨骼和牙齿中，它们在骨骼中以磷酸钙和碳酸钙形式存在。骨骼既是机体的支架，也是钙磷的仓库。存在于骨小梁的钙和磷与体液中和身体其他组织中的钙、磷，处于动态平衡，当日粮中钙、磷不足，或当泌乳期、妊娠期大量需钙时，钙和磷可以迅速地从骨骼中动员出来维持血钙的正常水平，并保证由钙维持的各种生理功能的正常运作。

正常时，血浆或血清含有5毫克当量钙/升（9～11毫克%），血浆钙的45%～50%是处于溶解状态的离子形式，而40%～45%与蛋白结合，主要是清蛋白和血浆蛋白。

膜通透性、神经肌肉兴奋性、神经冲动传导以及某些酶系统的激活，都需要钙离子的参与，血浆钙参与血凝，血钙过低可以引起心脏衰弱；钙过多会抑制心脏活动并导致呼吸和心力衰竭，也可抑制心脏停止收缩。在正常情况下，钙离子可增加心肌收缩力和持续时间。在通过静脉输钙时，要缓慢，突然提高血钙，也可造成心脏骤停。

钙和离子钙对机体的生理活动有着十分重要的作用，不可减少或降低血钙。围产期生理性和病理性低血钙可引发奶牛产后多种疾病，是研究防治奶牛围产期疾病的一个重要方面。

二、钙代谢与围产期影响钙代谢的因素

奶牛体内调节和控制钙代谢的重要物质为甲状旁腺激素（PTH）、降钙素（CT）和维生素 D 的活性物质形式——$1.25-(OH)_2D_3$。

钙在骨骼中的代谢：

钙在骨骼中以两种形式存在，绝大多数以 $CaHPO_4$ 的形式紧密结合在骨胶原蛋白基质上，比较稳定，另有一小部分以离子形式存在于骨细胞外液和骨细胞内小管中。在低血钙情况下，甲状傍腺分泌增加，引起成骨细胞分泌前列腺素、白细胞介素 -6，它们刺激破骨细胞的活性和形成新的破骨细胞。成骨细胞有甲状旁腺和维生素 D_3 受体，而破骨细胞没有，但有降钙素受体。这样破骨细胞在骨表面释放酸和溶酶体酶，引起有机质和骨盐的溶解，释放出 Ca^{++}（钙离子），进入血液，血钙含量升高。此时，甲状腺 C 细胞分泌降钙素，以抑制骨组织中破坏骨细胞活性，并抑制间叶细胞转变为破骨细胞，减少骨钙的释放。这两种机制维持了血钙和骨钙的相对稳定与平衡。据此，我们可以通过调节甲状旁腺机能而动员骨钙进入血液，提高血钙浓度。

钙在肠道中的吸收：

钙在肠道通过被动吸收和主动转运两种形式完成吸收过程。肠上皮细胞吸收肠腔内的钙离子，缓慢扩散至细胞基底膜一侧，再由钙泵主动转运至血循。钙的主动运输是 $1.25-(OH)_2D_3$ 经血液转运到小肠黏膜细胞内，与胞质内的受体结合进入细胞核，促成 DNA 转录 mRNA，从而使细胞合成钙结合蛋白，存在于细胞液中，当钙离子浓度在肠上皮细胞超过 6 毫摩尔/升，Ca^{++} 会流向细胞外液。

Ca^{++}（钙离子）的吸收方式与日粮钙的浓度有关，当日粮高钙时，主要通过被动扩散，肠腔中钙浓度愈高吸收也相对愈高；当低钙时在，维生素 D_3 的参与下的 Ca^{++} 经主动运输通过肠黏膜上皮细胞被吸收利用。

日粮中钙和磷主要是在小肠前段，特别是在十二指肠被吸收，吸收量取决于钙磷来源、钙磷比例、肠内 pH 值、乳糖的摄入量，以及钙在肾脏的代谢。日粮中钙、磷、VD、铁、铝、锰、脂肪和水的量等多种因素影响钙吸收与代谢。

钙在肾脏中的重吸收：

调节肾脏中钙代谢的激素仍然是甲状旁腺激素（PTH）。当血钙低时该激素分泌增加，加强肾对钙的重吸收，约有 99% 滤出的钙被重吸收。同时甲状旁腺激素可以激活在肾脏中的 25 -（OH）D 变为活性高的 1.25 -$(OH)_2D_3$ 并作用于肠道，增强肠道对钙的吸收。经肾小球滤过钙离子，损失量很少，大约 16 毫克/千克。当血钙浓度高时，甲状旁腺激素分泌减少，钙代谢恢复正常水平。

影响钙代谢的因素：

饲料中的钙，在真胃中盐酸的作用下，解离成离子钙被肠黏膜吸收、转运。凡破坏胃肠道正常酸碱性的因素都不利于钙的吸收利用。

1.25 -$(OH)_2D_3$ 通过 VD 受体（VDR）对小肠黏膜发挥作用，使钙结合蛋白 - D9K 增长。所以维生素 D 对机体钙的吸收起促进作用。

随着奶牛年龄的增加，钙稳态机制（肠吸收钙和骨钙的动用）反应缓慢，所以经产奶牛比青年奶牛更易患严重的低血钙症。

靶组织对 1.25 -$(OH)_2D_3$ 的反应性随着奶牛年龄的增加而减弱，与此同时，肠钙的吸收能力也随之降低，成骨细胞也随着年龄的增长而减少,相应的 VDR 会减少,因为成骨细胞是唯一能表达 VDR 蛋白的骨细胞。

奶牛在泌乳期时,当日粮中钙不足,动用骨钙机制未能及时被激活,易造成奶牛低血钙。荷斯坦奶牛每产 1 千克标准奶需要 1.22 克可吸收钙。在泌乳初期,大多数奶牛会发生临床型或亚临床型低血钙。

日粮对钙代谢的影响:

日粮中钙的浓度、钙磷比例及其他矿物元素之间的拮抗作用和日粮中钙的形式等都影响钙的吸收。如日粮中钾含量高,使奶牛血液偏碱性,降低了血液中甲状旁腺激素的活性,从而降低 Ca^{++} 的吸收。再如高磷日粮使血液中磷含量升高,抑制了肾脏中促进再激活 $1.25-(OH)_2D_3$ 的酶,从而减少了肠钙的吸收。因此在围产期,日粮钙磷比应为 2.3:1,如果钙磷比降到 1:1 时,产后瘫痪的发病率增加(有的资料提出日粮正常钙磷比应为 1.5:1 到 1:1)。

三、产后低血钙诱发产后奶牛多种疾病

产后低血钙是奶牛产后瘫痪(乳热症)以及其他产后疾病发生的重要原因。

奶牛围产期特别是分娩前后,血钙会出现负平衡。血钙浓度下降,如前所述低血钙时,机体在 $1.25-(OH)_2D_3$ 和甲状旁腺激素的作用下,可加快小肠钙的吸收以及骨钙的动用和肾脏对钙的再吸收,及时尽快恢复血钙平衡。由于初乳用钙量是常乳的十倍,所以所有的初产牛都会经历不同程度的低血钙。

低血钙的临床症状是乳热症。有约 75% 的经产牛经历亚临床低血钙症。亚临床低血钙可以引发多种产后疾病,造成的经济损失比乳热症造成的经济损失更大。

例如:低血钙导致血浆皮质醇水平升高 6~8 倍,降低了机体

的免疫力；低血钙同时使子宫和乳头括约肌收缩无力，在免疫力下降和括约肌收缩无力共同影响下引起胎衣不下、乳腺炎、子宫脱、子宫炎、子宫复旧缓慢等一系列繁殖障碍病。

低血钙抑制胰岛素分泌，阻碍葡萄糖的吸收，加剧了脂类代谢，提高了脂肪肝的发生率；低血钙引发的采食量下降，瘤胃蠕动缓慢，充盈率降低，进入第四胃的挥发酸增加，会引起鼓气、皱胃蠕动力下降，进而诱发皱胃变位。

在治疗实践中，许多兽医已重视了补充血钙的重要性，但往往由于补钙不及时，补钙量不够，而不能立竿见影。但更重要的是预防。特别是干奶期饲养合理会减少低血钙的发生率，如饲喂阴离子型干奶日粮（酸化体液），按时注射维生素 D_3，围产前期饲喂低钙日粮，保护甲状腺分泌甲状旁腺激素的机能正常，保证产后骨钙的转运以及钙稳态机制的迅速发挥，使产后低血钙出现的时间越短越好。相应可以减少或避免围产期疾病的发生。

美国 Curtis 等人在 1983 报道了他们关于荷兰牛分娩低血钙与八种分娩期疾病的关系，调查报告认为，有八种分娩期疾病与分娩期低血钙有直接关系。现在也有人报道相似的内容。这些都说明分娩期低血钙会引发多种疾病。因此在干奶期科学补钙，科学调节对钙的吸收利用、储备动员是预防乳热症以及相关疾病的重要任务和措施。

表 2－1　患和未患分娩低血钙奶牛围产期八种疾病发生情况

病名	患分娩低血钙	（95 头）	未患分娩低血钙	（2095 头）
大肠杆菌型乳房炎	2	2.10%	5	0.23%
难产	17	17.89%	153	7.30%
人工助产	11	11.57%	130	6.20%
兽医助产	6	6.31%	23	1.09%
胎衣不下	23	24.21%	191	9.11%
子宫炎	12	12.63%	167	7.97%
真胃左侧变位	4	4.21%	27	1.28%
酮病	14	14.73%	40	1.90%
乳房炎	14	14.73%	44	2.10%
蹄跛行	1	1.05%	8	0.35%

第二节　孕牛截瘫（产前截瘫）

孕牛截瘫是指妊娠母牛在怀孕后期，后肢瘫痪不能起立的病，无全身症状又无局部损伤，单纯截瘫。

发病原因：

1. 饲养不当，钙磷缺乏。钙在机体内的代谢取决于钙磷的供应量和供应的钙磷比例（正确钙磷比为 1.5:1），机体吸收利用钙、磷的能力与维生素 D 的存在量有很大关系，三者缺一不可。

饲料中长期缺钙，或钙、磷比例不当时，母牛为了供给胎儿钙、磷，会把自身骨骼中贮存的钙释放出来，维持血钙浓度和胎儿生长需要；贮备钙被利用的多了，就会形成骨质疏松、软化；严重时妊娠母牛逐渐衰弱而瘫软站不起来，发生产前截瘫。

血钙下降使肌肉、心脏、神经兴奋性下降，肌无力，导致起立困难。

血钙下降也是奶牛围产期许多疾病的发病因素。

奶牛自身消化系统对钙、磷吸收不足，也是一个重要因素。

饲料中维生素 A 和 D 不足也会影响钙磷的正常吸收利用。

怀孕后期的妊娠母牛对营养物质和矿物质的需要增加，因此我们对泌乳奶牛和干奶期奶牛一定要重视矿物质和微量元素的供给。

能量物质（ATP）供应不足，神经兴奋介质（Ca）减少，发生肌无力和肌骨痛疼，骨质疏松，形成起立困难。

2. 运动不足。奶牛长期躺卧或站立，会形成起立困难。尤其是完全舍饲的牛，活动量严重不足，加之圈舍阴暗潮湿，缺乏阳光这些都是诱发因素。

3. 青年母牛配种过早，或胎儿过大，母体营养供应不足，或代谢不良造成缺钙性营养不足。

4. 多胎、胎水过多，或乳房严重水肿，母牛后驱负重过大，卧下难于起立。

5. 舍地光滑，站立不稳。

症状：

瘫痪主要发生在后肢。站立时后肢无力，经常交替负重，行走谨慎，后肢摇摆，步态不稳，因而病牛经常卧地，后期不能站立。局部无任何病理变化，痛觉反射正常，时间长了患肢肌肉萎缩，可能发生褥疮。

治疗：

由于低血钙引起的截瘫，可静脉注射10%氯化钙200～500毫升，10%葡萄糖酸钙500～1000毫升，50%葡萄糖500毫升；肌注维生素 D_3；或口服鱼肝油50～100毫升，每日一次。

为了兴奋后肢肌肉和外周神经，用硝酸士的年增减量注射治疗，以5～7天为一疗程，必要时间隔5天再重复一个疗程。以7天为一个疗程的皮下注射计量：第一天0.02克，第二天0.03克，第三天0.04克，第四天0.05克，第五天0.04克，第六天0.03克，第七天0.02克。

针灸：百会、肾门、大胯、滴水、八字穴。也可应用电针疗法。还可以选择汗沟、巴山、后海等穴或穴位注射 VB_1 10毫升。

如距正当分娩期很近可以实行人工引产，以减轻母牛负担，保母子存活。

加强护理，勤翻勤抬，减少褥疮。同时要确诊有无脱臼或骨质损伤。

据报道，四川农大魏守海处方治疗效果较好，与前方相比重视了强心和维B的应用。

处方：10%葡萄糖酸钙500毫升，10%葡萄糖200毫升，2%安钠咖20毫升，10% VC 60毫升，VB 20毫升。

每天一次，连用4天。饲料中添加B族维生素、磷酸氢钙活性肽适量，每日早晚拌料饲喂。

第三节　产后瘫痪

产后截瘫是奶牛分娩后不能站立的病。

病因：

和产前瘫痪大体相同，另外与分娩时难产助产有关，在取胎儿过程中挫伤了母牛坐骨神经和闭孔神经，使荐骼关节韧带剧伸，以致病牛不能起立。

诊断：

注意与下列疾病鉴别：

1. 严重的子宫内膜炎有明显的全身症状，是属于不愿站立，不一定是站不起来。

2. 生产瘫痪也是卧地不起，但常见于3胎以上高产奶牛，其特征性症状是体温偏低昏睡，针刺皮肤疼反应消失，头颈弯向一侧。用乳房送风法30分钟后好转。

治疗：

产后截瘫的治疗：基本同前，可参照生产瘫痪的治疗方法选择治疗。

中药疗法：麒麟竭散。

麒麟竭25克、葫芦巴50克、当归50克、没药40克、白术40克、川楝子25克、巴戟40克、牵牛30克、补骨脂50克、茴香40克、蒿本40克、秦艽50克、木瓜50克、明天麻40克、甜瓜子（捣碎去油）25克，共为细末，开水冲起，候温灌服。

灌中药时要详细鉴别是不是生产瘫痪。如是生产瘫痪，必须确认无咽麻痹，有吞烟反射，才能灌药。否则会造成异物性肺炎。

第四节　生产瘫痪(乳热症)

产后瘫痪是母牛分娩后突然发生的一种急性代谢性疾病。发病率为7.5% ~10%，以5 ~9岁，3 ~7胎经产奶牛发病最多，约占患牛总数的95%，多在产后72小时之内发病。青年初产牛及产前4天和产后4天以后发病的很少。

发病原因：

母畜妊娠期及产后泌乳期，会消耗大量血钙并消耗大量体液。如果饲料中钙供给不足或甲状腺机能紊乱，致钙的吸收、利用、代谢以及钙的稳态机制发生障碍，产后腹压下降，体液供应不足，在生产过程中及产后机体处于消耗、转型、疲劳的状态中，都是引发生产瘫痪的重要因素。

成年奶牛一般不会出现低血钙，只是在分娩时，需要大量的钙。一是分泌初乳需要钙，二是产道的强力收缩，需要大量的钙离子。如果此时奶牛的钙稳态调节机制没有形成或发生障碍奶牛就有可能在产后不久出现低血钙或亚临床低血钙，当血浆钙浓度低于5毫克/分升时，奶牛肌肉钙兴奋机制下降，可能会无法站立，发生产后瘫痪；当血浆钙浓度低于7.5毫克/分升时，奶牛处于低血钙亚临床状态。亚临床低血钙症最主要的表现形式是肌肉收缩无力。据国外研究，与正常的血浆钙浓度相比，当血浆钙浓度为7.5毫克/分升时，真胃蠕动能力和吸收能力分别下降30%和25%，而当血浆钙浓度下降为5毫克/分升时，真胃蠕动力和吸收能力分别下降70%和50%。因此低血钙对奶牛的危害不仅是出现瘫痪，而且会造成食欲不振，并诱发胎衣不下、真胃变位、乳房炎、酮血病等。有资料称低血钙会使胎衣不下、真胃变位、乳房炎和酮病发病率分别增加6.5倍、3.4倍、8.1倍和8.9倍。

正常情况下，钙稳态机制使血钙维持在9～10毫克/分升。一旦这个稳态机制失灵，泌乳便会带走大量钙，使血钙下降到5毫克/分升以下。低血钙的程度，取决于钙离开细胞外钙池的速度和恒稳机制补充钙损失的能力。

泌乳开始，通过释放甲状旁腺激素，减少尿钙损失，促进肾对钙的重吸收、骨钙的释放，并通过增加1.2－二羟维生素D的合成，提高肠道对钙的吸收与转运能力等机制，以维持血钙的正常水平。

严重的低血钙常伴发低磷和低镁。分娩奶牛发生低血钙和乳热症的第二大原因是低镁症。血液低镁会抑制甲状旁腺激素的释放，机体的钙稳态机制下降，使血钙在泌乳开始大幅下降。

乳热症发生的因素与年龄有关，它会随着年龄的增加而增加；也与围产期日粮中阴阳离子平衡有关；干奶期日粮高钠、高钾会增加乳热病的发生。

发病机制：

奶牛生产瘫痪的发病机制不十分清楚，但由于分娩前后，生产瘫痪病中的血钙浓度剧烈降低，使其成为公认的致病因素。血钙下降的原因，主要是由于泌乳的需要，血钙大量进入初乳，此时机体吸收的钙和动员储备的钙低于丧失的钙。泌乳量越大的奶牛，血钙丧失的越多，发病的机率就越大。由于血钙得不到及时补充，由钙参与的神经肌肉等的兴奋机制和神经传导冲动同时下降。

奶牛瘫痪病的发生主要是急性血钙过低造成的，此时，血钙从正常的5毫克当量/升降到2～3毫克当量/升的水平。

有人认为急性血钙过低是甲状旁腺分泌不足以及动员储备钙不充分造成的。也报道称与干奶期甲状旁腺机能下降有关。

产后健康牛血钙浓度为8.6～11.1毫克1%，平均为10毫克1%左右，病牛则降到3～7毫克1%，同时血磷也减少。

在奶牛患生产瘫痪时，大体解剖没有特殊变化，组织学检查曾发现垂体和肾上腺皮质肥大。

生产瘫痪发病机理的其他因素：

1. 液体重新分配及对机体的影响。

分娩是母牛消耗最大的生产活动。从分娩开始到胎儿娩出、胎衣排出，需经15小时才能完成。在此期间，母牛要进行间断性较强的子宫、腹肌收缩与努责，此时大脑处于高度兴奋状态，内分泌系统活动加强，如增加分泌雌激素、催产素、抗利尿素、甲状腺素、肾上腺皮质激素、去甲肾上腺素等，从而表现出心跳加快、血压升高、胃肠活动减弱、支气管扩张、加速肝糖元分解、血糖升高、协调水盐代谢等一系列复杂、高强度的应激反应。

分娩活动一旦结束，机体的这种高度兴奋状态突然解除，活动转入低水平状态，机体虚弱疲劳，抵抗能力降低，调节能力明显下降。此时胎儿娩出，羊水流出，腹内压骤然下降，乳房膨大，泌乳量不断增加，从而导致体液急剧调整，重新分配；腹内组织器官的供血量增多，灌注于乳房的血液显著增加，而脑、四肢供血相对不足，导致体液分配失衡，组织功能失调。对于怀孕末期营养跟不上、体质不佳的经产牛来说，短期内无力调整而罹病；相反，对于体质健壮、营养状况良好的母牛，具有较强的储备和调整能力，则可以正常生产。这也就是青年母牛少发病，而3～7胎经产母牛易发病的原因。

2. 泌乳对体液重新分配的影响。

罹病牛一般是高产牛，按每天泌乳25千克计算，乳房泌乳量约为肾脏泌尿量的3倍，即乳房的血循量远大于肾脏的血循量。如此，便打破了产前体液平衡状态，引发体液分配失衡。泌乳量愈大，给机体带来的这种影响愈大。母牛分娩后急度虚弱的体质与体液重新分配导致组织功能失调，是本病发生的双重主导因素。

3. 血钙降低的原因。

正常反刍动物的血钙为8.8～10.4毫克/分升。妊娠期间，钙的去路，一是随粪尿排泄的内源性钙，每日排泄10克；二是满足胎儿生长发育需要的钙，在妊娠末期胎儿生长每天约需钙10克；三是母畜自身骨钙沉积。所以母牛妊娠阶段每天至少应保证吸收钙20克以上。

分娩后，内源性钙随粪尿排泄不变，而大量泌乳消耗的钙则成倍增加，初乳分泌日需钙30克，产后数小时内机体对钙的需求至少增加两倍。此时机体虚弱，体液重新分配，胃肠吸收能力差，甲状旁腺也难以应付机体内源钙需的突变，即便甲状旁腺调节血钙的能力正常，能够动员的骨钙量也只有10～20克，仍然不及此时日钙需要量的一半。这种机体钙供需失衡，会导致血钙明显下降，可使血钙降至6毫克/分升以下。血钙下降，进而加重了由于体液重新分配所致的组织细胞供血不足，钙供给总量减少，导致组织细胞严重缺钙，从而引发一系列缺钙典型症状，如初期兴奋、强直、肌肉震颤、感觉过敏、运动失调，继而麻痹、丧失意识、陷于昏睡状态。特别是脑供血不足，极易引发脑病、意识丧失、昏迷等。

4. 控制乳房血液循环对患畜的影响。

如果能减少乳房血循，使血液最大限度地供给其他器官，以保证其对钙及其他营养物质的需求，就能尽快提高患牛体力，使它们的生理功能恢复正常——胃肠消化能力增强，加速钙质及其他营养物质的吸收利用；甲状旁腺也能加快骨钙动员速度等，使血钙及体液迅速平衡。这也正是乳房送风会使瘫痪牛重新站起来的原因。由此可见,体液的重新分配对本病的影响程度。

及时给患牛补钙、补液,其目的就是为了改善机体组织血液循环量,为其提供足够的钙质和营养物质。

综合起来看:

①分娩消耗体力,导致体虚,抗病力下降;

②分娩后,紧张状态突然缓减,自身调节能力也松懈;

③腹内压骤降,乳房血循量猛增,促使体液重新分配,致使许多组织器官供血不足,营养缺乏;

④饲料作物含钾量高、外源性钙不足,加上胃肠吸收钙和甲状旁腺调节血钙功能低下;

⑤泌乳大量带走钙,导致低血钙。

这些因素引发的体液重新分配和血钙降低是本病的重要发病机理。

典型症状:

生产瘫痪是奶牛产后突然发生的代谢病和急性神经性疾病。其特征是咽、舌及肠道麻痹,四肢瘫痪,知觉丧失。常见于高产奶牛、经产奶牛、肥胖奶牛,多在产后12~72小时发病。初产牛很少发病。

食欲减退或废绝,反刍,排尿停止,产乳量下降或停止。精神萎靡不振、目光凝视、没有感情、表现不安、步态摇摆、后肢交换踏脚(蹄)、肌肉发抖;鼻镜干燥,角、口、乳头、四肢下端等末梢部位稍凉,皮温低,有时出汗;体温正常偏低,心率80~120次/分,数小时后出现瘫痪。如能在出现前期症状时给予及时治疗,效果会很好。

初期患牛卧下,后肢欲立,却站不起来,继而很快就出现意识抑制、知觉消失、病牛昏睡、瞳孔放大、停止眨眼、眼球干燥、角膜混浊、血管充血严重、眼睑反射减弱或消失,出现特殊俯卧和躺卧姿势（如图2－1、图2－2）。

四肢屈曲，头置于地上，颈部成S状弯曲，很快将一侧的前后肢伸展，头颈曲回，将头置于前腿上，呈犬睡状。有的侧卧，四肢伸展，并抽搐甩头。此时体温降至36℃～35℃，皮温很低、出冷汗，口中流涎，呼吸有啰音，舌外垂；直肠鼓胀、积有干粪，如果在分娩过程中发生，努责和阵缩停止，胎儿娩出困难。

本病可分为病初期、沉郁期、麻痹期，如治疗不及时、不正确，多数会很快死亡。

图2-1　奶牛患非典型生产瘫痪的姿势：颈部呈S状弯曲

图2-2　母牛患典型生产瘫痪的姿势

患乳热症的病牛，血压（穿刺颈动脉直接测量）比正常值（150～171mmHg）低一半，但血糖降低与血钙下降并不平行；病牛的心电图显示，中心室兴奋延长，以及起源于各种不同兴奋区的心室期外收缩，当输钙后恢复正常；患牛血钙降到 2.6～7 毫克 1%（正常值为 10 毫克 1%），而镁量增加，磷轻微减少。

可见在乳热症时，血钙下降会导致心血管发生异常。因此血钙下降是乳热症的重要致病因素，二者有直接的因果关系。

非典型的乳热症占多数，它们的症状较轻，病牛卧下后，头至鬐甲部的颈部呈 S 状弯曲，体温偏低。治疗不及时会使病情发展。

发生乳热病的病因，一类是生产性、代谢性的，如由于奶牛肥胖、高产、营养失衡导致产犊时血钙下降等；另一类是伴发性、器质性的，伴随着其他疾病出现瘫痪症状，或由于损伤、疼痛导致瘫痪不起。在诊断时要区别其性质，以便正确治疗。

治疗：

1. 补钙。静注 10% 葡萄糖酸钙 500～1000 毫升，也可将其 1/3 的量皮下注射，据报道和实际使用，效果较好。

也可静注 25% 的葡萄糖 500 毫升和 5% 氯化钙 500 毫升以上。

在静注钙剂的同时静滴 25% 葡萄糖 500～1000 毫升，25% CNB 20 毫升，5% VC 50 毫升，安乃近 5 支，维 D4 支肌注。

第三次静注钙剂时，剂量应减半，主要靠第一、二次足量钙剂进行治疗。如果按剂量治疗三次无效，要考虑其他病或采用其他治疗方法。

补钙时加 VC 可以缓解心脏的应激反应，可以降低钙剂致心脏骤停的应激反应。最好在给钙剂之前肌注 25% 硫酸镁 100 毫升。注钙时要缓慢静注，发现心律加快、减慢或心律不齐甚至混乱、早搏,要及时停药。

有人推荐用10%硼葡萄糖酸钙缓慢静滴,直到症状缓解甚至能起立时为止。制备硼葡萄糖酸钙溶液时按溶液数量的4%加入硼酸,这样可以增加葡萄糖酸钙的溶解度和溶液的稳定性。一般剂量为25%硼葡萄糖酸钙500毫升。

乳热症在用钙剂治疗后5~7分钟应有反应,如眼球神态的变化,鼻镜见水等。通常在治疗后三小时可以站立。有的牛表现为想站而后肢无力,起不来,向前爬。这说明是血磷不足,可同时皮下或静脉给钙、磷、镁的混合物,如磷酸氢钙、磷酸氢钾或20%磷酸二氢钠200毫升静注。钙剂治疗剂量要足,临床上常用的葡萄糖酸钙含钙9%,氯化钙含钙27.3%,治疗奶牛瘫痪常用量为100千克体重补钙2.2克,相当于10%葡萄糖酸钙244.4毫升或氯化钙161.2毫升。一般500千克体重的牛治疗量为1222毫升,或5%氯化钙806毫升。首次静注应加大剂量。

2.乳房送风。乳房送风可以增加乳房乳腺的压力,促使血液由乳房向全身其他组织输送,以缓解脑贫血,避免急性死亡。

用乳房送风法治疗奶牛生产瘫痪,血中钙磷量会发生变化。据张奎银报道,患牛血钙、血磷下降,其中钙量常降到8%毫克以下,经乳房送风后5个小时,血中钙磷及血糖显著上升,而乳中钙磷含量相应下降。例:一头奶牛被诊断为产后瘫痪,经乳房送风后5小时35分,测定血钙自3.3%毫克升到6.1%毫克,血磷自4.3%毫克升到7.5%毫克,而乳钙自206%毫克降至117.5%毫克,乳磷自104%毫克降到89%毫克,血糖自8.6%毫克升到126%毫克,而乳糖自1336%毫克降到1116%毫克。

可见乳房送风治疗奶牛生产瘫痪,确实可使血钙、血磷上升。

从临床检验的病历分析,血钙在4.2%毫克以下、血磷在

5.3%毫克以下时,患牛病情较为严重,应立即救治。通过乳房送风或补钙以后,血钙上升到6.8%毫克、血磷上升到6.9%毫克时,患牛病症状缓解,病情较轻,经治疗后会很快恢复。

乳房送风治疗,在输入空气之前,先挤净乳房中乳汁,用碘伏消毒乳头。用消毒的头部涂上油的乳头导管,每个乳头区注入青霉素400万IU、链霉素1克。

然后用乳房送风器将空气送入四个乳区。打入的空气要经消毒过滤。充气到乳房皮肤紧张为度,充入的空气过少,不起作用,过多了易损伤乳腺,但即使腺泡破裂对以后产乳量也无大影响。注入的空气以后会向上移向尾根一带,约二周左右消散。

大多数病例在注入空气10分钟后,开始有鼻镜水,苏醒,体温上升,姿势恢复正常,数小时后可站立,对今后产奶没有影响,也不会造成乳房炎。

有的人用自行车打气筒打入空气,这在没有乳房送风器时可以采用,但要有滤过和消毒空气的措施。可以用75%的酒精滤过空气,用100毫升注射器抽上经消毒滤过的空气注入乳房如图(2-3)。

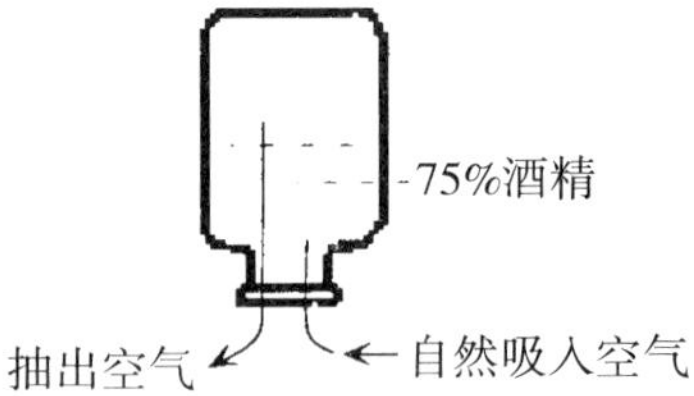

图 2-3 自制空气消毒瓶

打气之后用宽纱布条将乳头轻轻扎住（或用橡皮圈），以防漏气，一个小时后解除。

有人报道，也可用新鲜健康的牛奶注入患牛四个乳区，前奶200毫升，后奶250毫升。

如对该病确诊后，可以用糖、钙、风同时治疗，即静注25%葡萄糖，10%葡萄糖酸钙与乳房送风同时使用，效果更佳。

在治疗乳热症的同时要对症治疗其他同时发生的疾病，如治疗瘤胃鼓气、强心、通肺、护肝等。及早发现及早治疗效果更好。产后出现磨牙、口吐白沫、肢体颤抖、站立不稳等症状出现时，立即输给糖和钙剂，一般两次可见效，治疗不及时，卧下的时间长了，肢体麻木，虽然补上钙，症状缓解了，但是站不起来。

3. 离子平衡调节法（详见预防措施）。

治例1：

患牛卧地不起，体温37.2℃，心跳47次/分，呼吸12次/分，瞳孔散大，舌伸于口外，昏睡，乳房空虚。

治疗：第一次静滴10%葡萄糖500毫升，10% VC50毫升，5%氯化钙40毫升，20分钟后心率升到60次/分，继续输给10%葡萄糖1000毫升，5%氯化钙150毫升，输完后拉出压在身底的乳房，挤尽余乳，用乳房送风器给4个乳区送入空气，到指弹有鼓音为度，送完用棉线扎住乳头。再输10%葡萄糖1500毫升，5%氯化钙100毫升。输完后人扶着站起来。

治例2：

曾接诊一瘫痪病奶牛，怀孕6个月，突然卧下不起，意识模糊，舌软，流涎，眼直视，体温37.5℃～35.5℃，听诊心音微弱，觉得心音很远，而且节律不齐，但无拍水音和杂音，具有瘫痪牛的症状。给钙剂治疗后，虽前肢活动、想站，但后肢一动不动。据此疑为外伤性心包炎和妊娠瘫痪合并发生,治疗难度大,嘱畜主淘汰。但畜主惜售,又请人治疗,一日后死亡。死后剖检,肺脏溃烂,是严重的化脓性心包炎、胸膜肺炎。

此例说明:

①患有重症病会加速和加剧奶牛妊娠瘫痪的发生。

②在诊疗奶牛瘫痪时,如果用钙剂三次以后无显效就要考虑合并其他疾病的可能。

③有化验室条件的应做血液学检查,查明血中钙、磷、镁的含量及钙磷比、维生素 D 的含量等。

④在治疗奶牛生产瘫痪时,要详细检查,以免将产后卧地不起当其他病误诊误治。

黑龙江省安达市畜牧局李国江等人通过奶牛血检、尿检的结果发现,总体上是血钙低,血磷高,而饲草料是钙高磷低(干草钙、磷含量分别是 0.81、0.138,青贮玉米钙、磷含量分别是 1.04、0.141,白酒糟钙、磷含量分别 0.57、0.16,配合饲料钙、磷含量分别是 3.82、0.32),而钙、磷需要在钙磷比为 1.5∶1 的情况下才能很好吸收,虽然钙高但由于磷低,结果钙与磷的吸收都受限制。

尿检结果:产后两个月内 20 头牛中有 5 头酮体指标在 3~4 之间,说明潜在性酮体病在产后奶牛中占一定比例。血糖测定平均值仅为 27.77 毫克/分升,显著低于正常值的 61.7%。而 5 头牛血糖平均值更低,仅为 13.18%,可见尿检 pH 值低于 7.0 其血糖值也明显低。用 20% 磷酸氢二钠疗效较好。

饲草饲料中矿物质含量与生产地区有关。饲料中的钙并不能完全被动物吸收利用。如前所述,钙磷的吸收与多种因素有关。

产后瘫痪病有低血钙也有低血磷的问题,更有一部分代谢病混合发生。如原发性或继发性饥饿性酮病、肝代谢病、肝营养不良等。形式上都是奶牛趴卧病,但实质上不是单纯的乳热症,所以在治疗乳热症时,三次补钙无效,就要考虑其他方法。

鉴别方法:

1. 酮血病。轻型生产瘫痪应与酮血病作鉴别。酮血病多数发生在产后数日内,奶、尿、血中丙酮等酮体量增加、超标,呼出的气体有烂水果味,对钙疗和乳房送风无反应。有流涎、舔食、空嚼、兴奋等特点。

2. 产后败血症。一般都有体温升高,疼痛反射不消失,并有其他炎症的症候。对钙疗无反应。

3. 产后截瘫。与生产瘫痪相比,除后肢不能起立相同外,产后截瘫病牛的精神、食欲、体温各种反射,大小便均正常。

4. 由于分娩而恶化的创伤性网胃炎、心包炎与生产瘫痪同时发生,使症状恶化,钙疗效果不明显。常见生产瘫痪与子宫内、外膜炎,腹膜炎混合发生,有时还会同时出现膈肌痉挛。

预后:生产瘫痪病程发展快,病情较严重,如治疗不及时、不正确,50%的病畜会在1~2日内死亡。如得到正确及时治疗,单纯性乳热症90%以上可以康复。

本人遇一经产患牛,于产后第二日夜间突然倒地不起,5小时后死亡。经剖检和主述疑为乳热症突发致死。

预防措施:

1. 加强干奶期的饲养管理。妊娠母牛在产前60天停奶,以确保胎儿与母体恢复的营养需要。

干奶牛的日粮以粗饲料为主,精料每头日4千克左右,高产奶牛、体重大的奶牛在干奶中期精料可增到6千克左右。在此期间一定要喂优质的饲草,如带穗青贮玉米、优质苜蓿干草、禾本科干草及秸秆等,精粗比为40:60,粗纤维含量不低于23%。

但绝不能喂发霉、变质、冰冻的饲草料。日粮中钙量0.44%，磷含量0.22%，可吸收钙18克/日，可吸收磷19.9克/日（体重700千克左右）。

有人建议在干奶后期喂低钙高磷饲料，使奶牛提前做好动员机体钙、释放储备钙的生理性准备。但在产前多少天喂低钙高磷料比较合适，说法不一。有的称在产前15～21天。据美国《奶牛营养需要》介绍，可采用极低钙日粮预防产褥热（乳热症）。分娩前十天，日粮含钙低于15克/头日可降低产褥热（乳热症）的发生，其主要机制是低钙促进甲状旁腺激素的释放。

采用低钙高磷饲料在分娩前一天到产后三天，每日投服150克氯化钙或其他钙剂，以迅速补充钙源，提高血钙。

分娩前采用低钙饲料或正常钙磷比例饲料，都应在分娩前7天开始到产后5～10日，肌注维生素$D_3$2千万～3千万单位，每日一次。据多人介绍，该方法预防乳热症的效果较好。

2.中等产量的健康奶牛，产后三天内不能挤尽乳腺中乳汁。正确的挤奶方法是少量多次逐日增加。第一天挤出1/3奶，一般能满足初生牛犊初乳喂量即可；第二天挤出1/2奶；第三天挤出乳腺中2/3的奶；到第四天每次都挤尽一次（也有的到第六日挤尽乳汁）。应用时可根据奶牛健康状况结合产奶情况而定。如果持续不挤尽，残余奶在乳腺中储留时间长了会引发乳房炎。低产牛泌乳量少，因泌乳引发乳热症的几率就小，可以提前挤尽。

3.饲喂阴离子盐，如氯化钠，硫酸镁，氯化钙，氯化镁，盐酸也可作为阴离子添加剂。同时降低钾离子和钠离子的给量，使阴阳离子基本平衡或呈微碱状态。

如在产前4周到产后1周，每天增喂30克镁盐，可以防血钙下降时出现抽搐症状,降低代偿性碱中毒。由于机体组织中,没有直接可利用的贮存镁,日粮中镁含量必须满足机体对镁的需要。饲料阴阳钙离子平衡公式为:

$$(Na+K)-(Cl+S)=DCAD$$

DCAD 为离子差,阴阳离子平衡单位是 meq/DMI100g(meq 为毫克当量,DMI 为干物质采食量)。当给予含阴离子较多的盐时,体液偏向酸性(pH 值 5.5～5.6),可有效动员骨钙,使血钙浓度上升。为提高产后血钙浓度,可从分娩前 20 天开始调节饲料的离子差。离子调动水平可通过检测尿的 pH 值来判断,pH 值在 8 以上可判为碱中毒,pH 值在 5.5 以下为肾负担过重,pH 值为 6.0～7.0 理想值。经检测,临床近分娩时牛饲料适宜离子差为 -100～-150meq/DMI100g,pH 值 6.0～6.5。阴离子盐有氯化钙、氯化铵、氯化镁、硫酸钙、硫酸镁等。

处方 1:氯化铵 64 克,硫酸镁 64 克,玉米颗粒油糟料 128 克,每次喂 450 克,一日两次。

处方 2:氯化铵 32 克,硫酸铵 32 克,硫酸镁 68 克,玉米颗粒油糟料 128 克,每次喂 450 克,一日两次。

美国国立家畜疾病中心建议方案:①终止给予阳离子盐碳酸氢钠;②饲料中添加 0.45% 硫酸盐;③每日给磷 45 克;不超过 80 克,给钙盐 140 克;④饲料中添加氯化铵降低离子差至 -150meq/DMI100g;⑤分娩前 2～3 周开始给予阴离子饲料;⑥尽可能用低钾粗料替换高钾粗料,如使用少施肥的禾本科干草。

4. 保持牛体、产房的清洁卫生,保持牛舍安静,预防可能诱发产后瘫痪的各种应激因素。注意观察临产牛的动态,及早发现瘫痪迹象,及早治疗。

5. 产后及时补钙。补钙方式可以在日粮中增加磷酸氢钙、骨粉等既补钙又补磷的饲料；也可以在产前或产后及时静脉给10%葡萄糖酸钙500～1000毫升，直接提升血钙浓度。

对上胎发生过生产瘫痪的奶牛，应提前补钙，注射VD_3，同时在第一次挤奶后立即向每个乳区注入40毫升50%硼葡萄糖酸钙。

第五节　肥胖奶牛综合征

本病见于产犊期母牛，常见于干乳期营养未受限制，营养良好的肥胖牛。临床上以食欲下降、胃肠蠕动机能停滞等症状，有时以有黄疸为特征。从解剖病理上看则以肝、肾变性为主征，多为脂肪变性。

它与奶牛躺卧综合征没有明确界线。肝脂肪变性是“肥胖奶牛综合征”的主要病变。

临床特征：

母牛表现麻木不仁，食欲缺乏，常躺卧，头几天有些发热，以后向低温发展。黏膜发绀，常呈黄疸。急性死亡率高，虽然治疗见效，但也可能在几天后死亡。亚急性症状轻，往往并发于酮病、奶牛卧倒综合征、真胃移位等病。患过此病后常会推迟或阻碍新的妊娠。

血液学，以白细胞变化较明显。白细胞总数下降到2500个/立方毫米，淋巴细胞减少，嗜中性白细胞增多。肝功能试验，血清谷草转氨酶、鸟氨酸、氨甲酰基转移酶和碱性磷酸脂酶增多，说明肝细胞损坏和胆机能不全。

本病死亡率较高，一但食欲废绝，多以死亡结束。

尸检特征：

脂肪在皮下组织、胸膜、腹膜、心包、网膜和肾周围储存较多；肝肥大，肝表面有气泡，肝褪色易碎，整个肝切面呈枯黄色的脂肪变性，由于脂肪侵润，切取一块肝样品可漂浮于水面；肾也出现褪色肥大；真胃有多发性溃疡，其直径在0.1～1厘米。

组织学观察见到肝细胞有大量脂肪空泡，有时将细胞核挤到一边上去，出现特征性脂肪变化。在肾上皮细胞、心肌纤维之间也有许多脂肪空泡。

病因：

发病的原因有多种学说，如激素问题，脂类释放问题，能量供给问题，分娩时动用脂肪储备问题等，虽然众说不一，但产奶盛期和干奶期饲养不当是关键问题。

"肥胖奶牛综合征"的症状，如消化道紊乱，黄疸，肾机能紊乱都是肝功能减弱、肝实质变性的结果。

治疗：

1. 对尚有食欲的可给50%葡萄糖500毫升，每日两次，结合葡萄糖酸钙、糖皮质激素等静脉给药进行治疗。

2. 葡萄糖先质丙酸钠125～250克或丙二醇200克，或甘油200克口服，每日两次。

3. 精蛋白锌胰岛素120单位，胰岛素200～300单位皮下注射，一日两次。

4. 体况好转，注射丙酸睾丸酮，促进同化。

5. 配合VB_{12}或烟酸、肾上腺皮质激素和糖皮质激素。

6. 利胆剂、强心剂、VE等。

7. 肝泰乐等。

8. 灌健康牛瘤胃液5～10升和反刍食团。"肥胖综合征"是长期营养失调的表现，在产犊时才在临床上明显表现出来，所以只有日常合理的饲养管理才是杜绝此病的好措施。

第六节　乳用“母牛睡倒爬不起来”或卧地不起综合征

这种病是某些病的临床综合表现，但不是一种独立的疾病。

遇有“睡倒爬不起来”的综合征，要考虑酮病，低镁血症，低磷酸盐血症，低钾血症以及脓毒性子宫内膜炎，乳房炎，尿囊积水，胎盘滞留，闭孔神经麻痹，骨损伤，其他代谢病等。

多数母牛睡倒爬不起来可持续16小时，平均血钾为2~3毫克当量/升。

它与瘫痪牛的区别是，在症状上卧地不起，病牛表现有精神，食欲和饮欲相当好，体温正常或稍高，心率增加到80~100次/分，排粪、排尿正常。爬不起来6小时，平均血钾为4毫克当量/升，16小时后降到2~3毫克当量/升，卧地时间越长血钾含量越低，低血钾与卧地时间有关。

血清学诊断：

低钙血症：血清钙含量<2毫摩尔/升，正常值在2.2毫摩尔/升和2.6毫摩尔/升之间。

低磷血症：血清磷含量<1.35毫摩尔/升，正常值为1.39~2.78毫摩尔/升。

低钾血症：血清钾含量<0.85毫摩尔/升，正常值0.85~1.23毫摩尔/升。

爬卧综合征的治疗：

药物防治效果不佳，主要是采取良好的护理，避免长时间光照，避免卧在光滑硬地上，要垫上干净的垫草，勤翻身，按摩四肢，尤其后腿，要常按摩，拉动。目的是加强血液循环，改善肌肉运动能力。

1. 输注葡萄糖、复方生理盐水等改善血容，补充营养。

2. 硝酸士得年20毫升，百会穴注射。

肌注ATP、辅酶A、复方维生素B等营养性药物，注意监控心脏，防止血钾升高对心脏的刺激。

3. 中药灌服独活寄生汤。

4. 治疗时注意区别：

母牛睡倒爬不起来经实验室检查可见，血中钙、磷、镁水平在正常范围。许多病例有明显的蛋白尿，尿中出现透明圆柱和颗粒圆柱。

治疗时钙疗无效，或治疗后精神好转，但仍站不起来，同时，若缺乏沉郁、昏迷、低温、肌肉麻痹等症状可排除生产瘫痪；过食小麦可发生卧地不起，严重衰弱；脑病、关节脱臼都可能站不起来，但它们都与分娩无关，可以甄别，也有巧合的几率。

早用钾盐治疗时，过量的钾和注射速度快可使心搏停止。要注意，一般5~10克氯化钾治疗有明显效果。口服或静注均可，但用量不可过大。

20%磷酸二氢钠溶液300~500毫升静注或皮下给药。即使在病情未定时，也无不良影响。

镁盐注射要注意，没有搐搦和感觉过敏的缺镁适用症要慎用。

造成奶牛产后睡卧不起的病，大体就是这些，在临床诊断、治疗中要谨慎区别，力求诊断准确，治疗及时。

第七节　以瘫痪为主要症状的病因区别

1. 生产瘫痪是奶牛泌乳开始后，钙稳态机制失灵，甲状旁腺激素释放量减少，造成严重的低血钙，伴发低磷、低镁，继而形成并发生乳热症（生产瘫痪）。

2. 肥胖奶牛综合征是脂肪沉积，肝变性，肝功能异常的病象。

3. “奶牛产后睡倒爬不起来综合征”是以血钾下降为主要致病因素的病。

通过实验发现，卧下的时间越长，血钾减少量越多，所以有人考虑，躺卧会致血钾下降。

4. 奶牛产前和产后截瘫，是以奶牛骨质疏松和在妊娠分娩过程中所致的损伤、代谢障碍等因素有关的病。

这五种瘫痪病，临床诊断很难准确鉴别。在治疗围产期奶牛瘫痪症时，首先都使用钙、糖治疗，然后再根据不同的情况采用不同的协助疗法。通过表 2－2 可以进一步认识卧地不起的诊治。

表 2-2　　不同卧地不起临床特征及药物治疗效果　　徐魁梧，南京农大，2008

病名	卧地不起	体温	心率	对外知觉	食欲	局部刺痛感	酮体	抗炎治疗	补钙	钾	磷	镁	糖	典型体征	发病时间
低钙血症	+	↓	↓	↓	↓	↓或–	–	–	+	–	–	–	–	S状弯曲	产后24到72小时
低磷血症	+	–	–	↑	–或↑	↓	–	–	–	–	+	–	–	犬坐式	不定
低钾血症	+	–	–	↑	–	↓	–	–	–	+	–	–	–	重症肌无力，球关节弯曲	不定
低镁血症	+	–	↑	↑	↓	↓	–	–	–	–	–	+	–	肌肉过敏，肌肉震颤	不定
卧地不起综合征	+	–	–	↑	–	+或↓	–	–	±	+	–	–或+	–	蛙式	不定
肥胖综合征	+	–	↓	↓	↓	↓	↑	–	–	–	–	–		后肢无力	产后数天
妊娠毒血症	+	↑	↑	↓	↓	↓	–或↑	+	±	–	–	–	±	昏睡	产后48小时
酮病	+	–	–	↓	↓	↓	↑	–	–	–	–	–	+	后肢无力	产后14小时
肌肉神经损伤	+	–	–	↑	–	↓或–	–	+	–	–	–	–	–	患肢伸直肿胀	产后立即

症状部分：+ 表示明显，– 表示正常，↓表示下降，↑表示上升，疗效部分：+ 表示有效，– 表示无效，± 表示不清楚。

疗效用药：

补磷：10%磷酸二氢钠溶液 500 毫升；补钾：10%氯化钾注射液 50~70 毫升；应用 25%木糖醇溶液 500~100 毫升，作妊娠毒血症治疗辅药效果更好。

表 2-3　　卧地不起发病及治疗情况　(单位:头,%)

病名	发病头数	占总发病数%	治愈头数	治愈率
低钙血症	113	49.78	104	92.04
低磷血症	6	2.64	6	100
低镁血症	1	0.45	1	100
低钾血症	6	2.64	5	83.33
卧地不起综合征	34	14.98	16	47.06
肥胖综合征	23	10.13	14	60.87
妊娠毒血症	24	10.57	17	70.83
酮病	2	0.88	2	100
肌肉神经损伤	18	7.93	6	33.33
合计	227	100	171	75.33

由此表可以看出,卧地不起主要是低钙血病和卧地不起综合征,占总发病数的 64.76%。

第三章　奶牛中毒病的防治

随着我国奶牛养殖业的快速发展，在农村，普通农民亦农亦牛，养奶牛已成为农民新的致富渠道。尤其在党的十八届三中全会以后，党的富民政策在农村实施以后，奶牛养殖业呈现出一个新的发展前景。

在农村，农民养奶牛已有十几年的磨练，取得了不少经验与技术。我在农村服务中发现，奶牛中毒性疾病时有发生，其中发生频率最多的还是饲养与饲料出了问题。

一、饲喂了发霉变质的饲草饲料，如喂了发霉的玉米秸秆、霉变的玉米籽实，特别是玉米胚芽最易发霉，而且不易被人发现，一经粉碎更难识别。所以我们在贮藏饲草饲料时，首先要将其晒晾干燥，使其含水量不高于 12% ~13%。其次，在贮藏中还要防潮湿，防雨淋。另外，在春季和秋季气温适宜霉菌繁殖，更要勤观察，勤翻晾，不使贮存的饲草料发霉、变质。一旦发生霉变不能再作饲料。所以兽医看病，除了检查病畜，还要检查环境及饲草料。特别是有些奶牛无原因的减产，奶量下降，食欲不好，精神欠佳，瘤胃蠕动缓慢或过快，都要从饲料及饲喂方式上找原因。如果是霉败饲草料的黄曲霉素中毒，要立即停喂霉败的饲草料，同时进行救治。

二、饲喂了生豆子，生豆粕，未脱毒的棉籽饼、菜籽饼、蓖麻子饼、亚麻子饼等高蛋白类饲料会引起奶牛中毒。生豆子、生豆粕一定要炒熟喂，否则其减产反应快而明显。其他饼类含有一定毒物，通过蒸煮加温破坏其毒素作用后再喂。

三、苜蓿草、青割玉米、高粱是养牛常用的青草，饲喂效果也很好，奶牛也爱吃。但往往因饲喂不当而引起奶牛发生中毒症状。

苜蓿草在开花前后饲喂营养丰富，而且饲喂苜蓿草一定要由少到多，慢慢加量，如果一次性让牛自由采食可能发生中毒表现。这是一个饲喂方法问题。

用青割玉米、青割高粱喂牛，本来没有问题，但是不能喂玉米和高粱的幼苗，尤其是在收割玉米、高粱后再生出来的幼苗，牛吃了就会发生中毒。因它们在幼嫩时含有氰苷，动物吃了会变成剧毒氢氰酸，不过待其长大后就没有这种毒苷了。一般在长到 35 厘米到 40 厘米时还有可能中毒。

四、饲喂添加剂一定要按要求饲喂，不能过量，不能认为添加剂好，就加大剂量喂。我曾遇一牛场因加倍使用某添加剂致三日内死牛 6 头。

五、误食了某种毒物。在农村常见牛因误食拌了农药的种子，在放牧中吃了喷洒农药、除草剂的牧草或农作物而中毒。这就要求畜主精心管好自己的奶牛，管好农药，管好用过农药的草场和农作物。

六、在驱治寄生虫病时，因药量大，方法不当，常会引发药物中毒。现在广泛使用阿维菌素、伊维菌素驱治内外寄生虫，因其毒副作用小，很少发生中毒现象，但也不能忽视药物中毒的可能性，因为多种药物超过用量范围会发生中毒。

七、环境中有毒因素的污染。现在我国各地工业化程度高，工业污染也严重。工业“三废”往往污染环境、草场、田地。除直接受其毒害外，间接地吃了被污染土壤上生长的作物也会蓄积中毒。

常见的有氟中毒、重金属中毒等。

我们研究奶牛中毒病主要目的是为防止中毒病的发生，发生了就要实施治疗。目前常见中毒病中，如有机磷、有机氟、重金属、类金属、亚硝酸盐及氢氰酸等中毒病，有特效解毒药，其解毒机理研究得比较深入。还有许多中毒病无特效治疗方法，只能采取清除毒物，阻止吸收，促进排出的一般性疗法，或根据中毒症状进行对症治疗，辅助治疗。

中毒病的解救要采取综合措施。即便有特效解毒药也要同时采取对症辅助治疗和恢复机体正常生理机能的措施。

第一节　亚硝酸盐中毒

亚硝酸盐中毒是由于奶牛采食或误食富含硝酸盐的饲草料引起的。各种蔬菜、野菜、青割玉米贮存或调制不当可产生有毒物质亚硝酸钠或亚硝酸钾。亚硝酸盐对牛的致死量为每千克体重 650 ~750 毫克，本病多发生于春秋季。

病因：

主要是由于饲喂或采食富含硝酸盐的草料引起的。常见富含硝酸盐的草料有甜菜及叶、白菜、芹菜、胡萝卜叶、玉米嫩苗、高粱嫩苗、土豆秧子、苜蓿以及青贮和某些野生植物，如碱葱等。

在一般情况下，硝酸盐毒性并不大，不易引起中毒。但若处理不当，经过硝化细菌的作用，可使其还原为亚硝酸盐。硝酸盐转化为亚硝酸盐的过程可在牛体内进行，也可以在体外进行。

体外形成亚硝酸盐的因素有：

（1）蒸煮含硝酸盐的饲料、蔬菜、块根类时，由于温度不高，长时间微火温焖或煮完后未迅速冷却，会为硝化细菌提供适宜繁殖的温度（20℃～40℃），从而使硝酸盐转化为亚硝酸盐及其氮的氧化物。经过这样调制的饲料，温放8～12小时毒性最强。煮过菜的水亦易中毒。用蒸煮方式调制饲料喂奶牛的养殖户较少，但有农户会用这种方法。因此，如用蒸煮饲料喂牛，要用急火煮熟迅速晾凉，不给硝化菌繁殖的机会。

（2）青贮饲料若贮藏不好，堆积发热、腐烂，在细菌的作用下，硝酸盐会转化为亚硝酸盐。所以在制作青贮玉米等青贮饲草料时，一定要压实、压严，不留空隙。

体内形成亚硝酸盐的因素：

主要发生于反刍动物，如奶牛等。正常奶牛瘤胃中，在纤毛虫和细菌的作用下，将硝酸盐转化为氮而合成蛋白质。在这个转变过程中，其中间产物就是亚硝酸盐。如果瘤胃机能紊乱，或吃下过多含硝酸盐的饲料时，所产生的亚硝酸盐不能够全部转化为氮，多余的亚硝酸盐就会被吸收中毒。奶牛多因吃了过多的青饲料而引起中毒，或因误食大量亚硝酸盐肥料而中毒。因此肥料不能与饲料放在一间储藏室里。

使植物富含硝酸盐的因素：

长期施用氮肥和富含硝酸盐的植物肥，用过2,4－D除草剂的植物，光照不足，土壤中缺乏铁、铜、钼、锰元素时都会使植物硝酸盐的含量增高。

中毒机理：

硝酸盐转化为亚硝酸盐后，对奶牛的毒性随之增加。

亚硝酸盐的毒性主要是使血液中正常的红血球上的血红蛋白迅速被氧化成高铁血红蛋白（变性血红蛋白），变性后的血红蛋白失去携氧和放氧的功能，使组织缺氧。亚硝酸盐还具有扩张血管的能力，它会使病牛因血管扩张，使外周循环衰竭。

由亚硝酸盐引起的血红蛋白变性是可逆的。正常血液中辅酶Ⅰ、抗热血小板及谷胱甘肽等，均可促使高铁血红蛋白还原或形成正常的低铁血红蛋白，从而恢复其原有的携氧、释氧功能，通过奶牛自体解毒功能，因此在吃少量硝酸盐时不会表现中毒症状。当30%的血红蛋白被转为高铁血红蛋白时即表现出中毒症状。

中毒症状：

最急性的无前趋症状，突然死亡。一般呈急性经过。食入带有亚硝酸盐的食物，半小时后发病，表现为精神沉郁、凝视呆立、头下垂、步态不稳、呼吸迫促、心跳加快、眼结膜发绀、多尿；严重者有角弓反张，腹痛，血液呈酱油色，不凝固；甚者全身无力，卧地不起，四肢作游泳动作，全身痉挛，最后挣扎死亡。

大群饲养的奶牛，往往伙发，由于牛体质不同，食入不同的量，发病情况轻重不等。

慢性中毒：体温变化不大，有的下降，发生流产，跛行，发育不良，下痢，产奶量减少。

剖解见病理变化：

血液凝固不良、呈黑红色，全身血管扩张，胃肠黏膜充血、出血，心脏有点状出血，肝、脾、胆囊肿大，气管出血，肺淤血，肾充血、出血。总之，各脏器呈出血性变化。

诊断：

1. 了解病史。一般采食后半小时发病。

2. 死后剖解见血液凝固不良，血液呈酱油色。

3. 取血5毫升，在空气中震荡15分钟，有高铁血红蛋白且血色不变，仍为棕色。

4. 实验室诊断。只有确认有亚硝酸盐的饲料和动物机体有致病量的高铁血红蛋白才可作出诊断。

实验室诊断法有:格氏试验比色法,联苯胺冰乙酸反应,棉签偶氮反应法等。

治疗:

静脉注射美蓝:1% 的美蓝注射液按每 10 千克体重 1 ~2 毫升加入 10% 高渗葡萄糖溶液中,静脉注射。因美蓝在还原过程中必须有辅酶 I 脱氧酶,而它需要在葡萄糖氧化过程中转变成还原型。如注射后一小时不见好转可重复注射一次。

配合注射维生素 C,5% 维生素 C40 ~100 毫升。也可用甲苯胺蓝配成 5% 溶液,按 5 毫升/千克体重静注或肌注。如静注困难,可分点肌肉注射。或用甲苯胺 1 克加纯酒精 10 毫升,加生理盐水 90 毫升,按 0.2 毫升/千克体重静注。

适当进行对症治疗:呼吸困难可静注双氧水,有条件的可吸氧气。同时投服喹诺酮类药,如诺氟沙星 0.005% 溶液 1000 毫升,阻止细菌对硝酸盐的还原作用。

对耐过的牛不喂青草,喂优质干草或适量精料。

预防措施:

预防的关键是不喂含有硝酸盐的饲草饲料,有效地防止硝酸盐转化为亚硝酸盐。

在种植饲草饲料的地里限制施用硝酸盐肥料,减少饲草料中硝酸盐含量。

合理搭配饲料。给牛喂生甜菜茎叶时,一次不可太多;腐烂了的青饲草料,废弃不用;饲喂含有硝酸盐的饲草料应搭配富含碳水化合物的饲料,并添加碘盐和维生素 A 和 D 制剂。

有瘤胃迟缓的病牛不喂含硝酸盐的饲草料。

一般不在收割过的玉米、高粱地里放牧，以防奶牛吃上玉米或高粱再生出来的幼苗。

科学应用饲料添加剂，如四环素、金霉素等，它们可在两周内有效地控制硝酸盐转化为亚硝酸盐的速度。

第二节　氢氰酸中毒

病因：

氢氰酸中毒主要是由于采食或饲喂了含有氰苷配糖体的饲草饲料引起的。常见的饲草如玉米、高粱青割或收割后再生出来的幼苗，其中含氰苷量较高，如牛采食过多会出现氢氰酸中毒；其他植物如蔷薇科的桃、李、杏的茎叶及种子，亚麻、蒙古扁桃、三叶草、苏丹草等氰苷含量也较高。正常植物中不含有氢氰酸，只含有氰苷。氰苷本身无毒，只是在酶的作用下，使其水解放出氢氰酸，而氢氰酸毒性很强。在奶牛体内、外氰苷均可在一定适宜的条件下转化为氢氰酸，使奶牛中毒。

中毒机制：

当奶牛采食过量含氰苷的饲草，或奶牛胃肠机能紊乱时，在条件适宜的情况下，氰苷会转化为氢氰酸，被胃肠黏膜吸收，氢氰酸中的氰离子与细胞色素氧化酶结合，形成较稳定的氰化高铁细胞色素氧化酶络合物，使组织呼吸需要的细胞色素氧化酶失去活性，破坏了细胞内生物氧化过程，阻止了细胞对氧的吸收，使机体组织不能正常进行呼吸，造成组织细胞缺氧而发生一系列中毒症状。

此时毛细血管中的氧没有正常被组织利用进行呼吸作用，而留在血中,使血液特别是静脉血仍然呈携氧的鲜红色。氧不被组织利用,组织呈缺氧状态,尤其是中枢神经系统受害严重,临床上表现为先兴奋后抑制,最后因呼吸中枢麻痹而死亡。

临床症状:

氢氰酸中毒呈急性过程,一般采食含有氰苷的饲草后半小时即发作。病牛先兴奋,后转为沉郁、口吐白沫、呻吟、肌肉震颤、瘤胃鼓气、体温下降、呼吸困难、表浅、心搏减弱、步态不稳、肢体麻木、卧地不起。病程短,轻者几小时,重者半小时。因呼吸麻痹而死亡。

病理变化:

胃内充满的气体和内容物,呈苦杏仁味,肺充血、出血、水肿,气管和支气管中有泡沫状液体,胃黏膜充血,小肠出血不明显,血液呈鲜红色,凝固不良。

诊断:

根据采食含有氰苷的饲草料、临床症状、病理变化可初步诊断。确诊要做实验室诊断。

普鲁士蓝改良法:

取吃剩的饲草饲料、呕吐物、胃内容物 2 ~ 10 克,切碎放入三角瓶内,加水到瓶的三分之一处,使呈糜状。加入酒石酸或酸盐,使呈酸性,迅速将制好的硫酸亚铁和氢氧化钠试纸盖在瓶口上,将三角瓶放在酒精灯架上的石棉网上,加温、煮沸,此时氢氰酸蒸汽被盖在上面的试纸吸收,取下试纸(换上另一块试纸盖住瓶口,以备下一次试验用),并在取下的试纸上加 10% 盐酸浸湿斑点,若有氢氰酸,立即出现显明的蓝色,如未出现蓝色,重复试验,直至确认有或无氢氰酸为止。

此外,还有苦味酸试纸法(试纸由黄色变为红色);硫氢酸盐反应法(在滤液中加入1%三氯化铁溶液1～2滴,如有氢氰酸存在,即显红色)。

治疗:

如为吸入氢氰酸气体中毒,立即将病牛移到无氢氰酸气体污染的空气新鲜的地方;如表皮受氢氰酸染污,应立即用清水冲洗干净;如为食物中毒,立即用0.1%高锰酸钾液或3%过氧化氢液灌服洗胃,氧化毒物。中毒后立即将3～5克亚硝酸钠,硫代硫酸钠20～30克溶于300毫升蒸馏水中制成注射液,一次静脉注射,必要时重复注射一次,效果显著。

对胃肠中残留的毒物可投服10%的硫酸亚铁100～200毫升,使之与氰离子结合成亚铁氰化物;也可投服0.1%高锰酸钾溶液1000～2000毫升;必要时切开瘤胃取出胃内容物。

对症治疗:静注高渗葡萄糖;注尼可刹米,兴奋呼吸中枢。

中药疗法:

金银花30～100克,绿豆(去壳)150～500克,共煎汤,候凉灌服。

用3%双氧水100毫升与10%葡萄糖制成氧水注射液,进行耳静脉滴注。用高锰酸钾2克,加水4000毫升,配成0.05%溶液灌服,效果好,疗效迅速,价格低,应为首选疗法。

预防措施:

不在处于萌发期(初长出的嫩苗)以及收割后长出再生苗的高粱、玉米地里放牧。不饲喂上述嫩苗。南方地区不在橡胶园里放牧,因为橡胶树叶含氢氰酸。

饲喂未经脱毒处理的亚麻饼时要少量,要干喂。如需软化,需高温煮沸(煮沸时不要加盖),并搅拌使部分氰苷或氢氰酸随蒸汽蒸掉,切忌长时间浸泡;成年牛饲喂量不超过2千克(一日),喂后

1 小时内不要饮水。

盐酸能抑制脂解酶的活性，如怀疑饲料中有毒，可用 0.12% ~0.18% 的盐酸液煮沸 10 分钟，进行无毒试验后，再喂奶牛。

第三节　马铃薯中毒

马铃薯俗称土豆、山药。马铃薯含有一种毒素，即马铃薯素亦称龙葵素或茄碱。龙葵素几乎不溶于水，但可溶于乙醇及戊醇；与醋酸加热能分解成碱性的茄啶和一些糖。碱性的茄碱比马铃薯素的毒性强。

在马铃薯的茎叶内尚含有 4.7% 的硝酸盐，在适当条件下可变为亚硝酸盐，奶牛吃了会引起亚硝酸盐中毒。

一般成熟的马铃薯含毒甚微，人、畜吃了不会中毒。但未成熟的小山药、发芽的、腐烂的马铃薯龙葵素含量增加，吃多了会引起中毒。

马铃薯素对胃肠黏膜刺激作用较强，可引起出血性胃肠炎即大量出血。马铃薯素对中枢神经系统有麻醉作用，尤其对呼吸中枢作用显著。人吃多了山药常发生中毒现象，如头晕、恶心、呕吐、嗜睡、胃部疼痛等。

症状：

奶牛食马铃薯中毒后，常于口周围、四肢内侧、乳房、阴囊、肛门、阴道及尾根等皮肤较薄处出现皮疹，有时发生类似口蹄疫的皮炎，并且发生口炎、胃肠炎、结膜炎等。

剖解：

胃肠黏膜潮红，上皮脱落或出血；心内、心外膜有为数不多的出血点；血液凝固不良，呈暗褐色；肝肿大，脑充血，水肿。

诊断：

一般根据病史和采食马铃薯茎叶及生芽或未成熟的小山药的情况，及临床症状可作初步判断。

其症状虽然与口蹄疫病有相似之处，但通过流行病学调查，可以鉴别。如口蹄疫病有体温升高，口腔黏膜、蹄趾间皮肤有水泡等典型症状，其流行迅速，不是一家的牛有病。

实验室诊断：

微量快速法：切开马铃薯发芽部分，于芽附近加硝酸或硫酸，如呈玫瑰红色则证明有马铃薯素。

乌特克滋尔法：本法较复杂，有化验室条件的可参照有关资料进行试验。

治疗：

发现病畜立即洗胃，同时内服硫酸镁、蓖麻油等泻药，迅速排出肠胃内容物，以减少对毒物的吸收。伴发肠炎时，内服1%鞣酸溶液500～2000毫升。为了促进血液循环，增强心脏机能，可皮下注射强心剂，严重者可以从静脉放血。内服利尿素，静脉输25%～50%的高渗葡萄糖。

还可静注少量美蓝以氧化血循环中毒物。美蓝注射液的制法：取美蓝1～2克，溶于10毫升纯酒精中，再加生理盐水至100毫升，过滤、灭菌。牛的用量为100～150毫升。

据新疆报道，给患牛灌醋1500毫升，1/5000的高锰酸钾溶液4000毫升，服滑石粉250克，连用4天，输注葡萄糖，肌注维生素C，皮下注射安钠咖等作为辅助治疗。

预防：

1. 不给奶牛饲喂发芽、腐烂的马铃薯。
2. 马铃薯饲喂量要控制，以少量为宜。
3. 马铃薯茎叶必须晒干或烫过才能喂牛。

第四节　亚麻籽饼中毒

亚麻籽饼属粗蛋白饲料，长期大量饲喂，会引起中毒。亚麻叶、籽、全株均含有氰基配糖体，奶牛食入后在水解作用下能生成氢氰酸而引发中毒。

氢氰酸可以麻痹呼吸和运动中枢，并破坏组织的新陈代谢机能和氧化过程。组织细胞不能正常吸收氧而窒息死亡。

症状：

患牛精神沉郁，不安，呼吸困难、急促，脉搏快而弱，有腹痛和下痢，肌肉震颤。尤其肘部和胸前肌肉较明显。呼吸极度困难时呈犬坐姿势，结膜发绀，严重者角弓反张、瞳孔散大、昏迷、心力衰竭、呼吸麻痹而死亡。

治疗：

用0.1%高锰酸钾溶液洗胃，或内服800～1000毫升。

静脉注射5%～25%硫代硫酸钠，剂量为5～15克，间隔3～4小时再注一次；或静注0.05%～1.0%美蓝溶液，1～2毫升/千克体重。

皮下注射安钠咖或樟脑磺酸钠，或尼克刹米等强心药物。

适当补液。如静脉输注葡萄糖生理盐水。

内服绿豆汤、牛奶等以解毒。

其他可参照《氢氰酸中毒》一节内容。

在内蒙古自治区亚麻种植区也曾发生个别亚麻中毒的奶牛和耕牛病例。

第五节　蕨中毒

蕨是甘草科多年生羊齿植物，高约一米，叶大、羽状、叶柄光滑而长。我国各地均产。有毒物质是蕨鞣酸，牛大量采食可能中毒。牛长期采食蕨的幼苗叶，可呈慢性蓄积性中毒，进而引起发病。

毒理：

蕨苗中含有硫胺毒酶，能抑制骨髓机能，引起血小板及颗粒白细胞减少，直接影响循环系统的毛细血管脆性，因而血管通透性增加、血液大量渗出。表现为全身渗出性出血，红细胞减少，并伴关节、肺、胃肠、肌肉出血性病变。

症状：

病牛精神沉郁并逐渐加重，渐进性消瘦，粪便稀软，步态踉跄，后躯摇晃，有的关节肿胀，少食，反刍咀嚼缓慢，舌根、舌面有散在性出血且流出带血的黏液性唾液，2～3天后体温突然升高到40.0℃～41.7℃，食欲、反刍减退，泌乳停止，腹痛，回头看腹、后肢踢腹，努责时排出带血的粪便，妊娠后期发生异常胎动，甚则流产。创伤、注射、穿刺部位出血难止，呼吸加快，心动加速衰竭而亡。

严重的病牛出血、贫血、颗粒性白细胞减少、血小板减少、血凝固下降、脏器出血、造血障碍，有的排血尿。

剖解病理:

尸僵完全,血凝不全,各器官均见点状、带状出血、淤血、血肿,脑膜充血,脉络丛呈红色,腹水、心积液、胸水、关节囊液渗出,呈微红色。

诊断:

根据奶牛采食蕨叶的量和时间及临床症状、剖解变化可作出初步判断。

血检:白细胞总数达5000个/立方毫米,其中嗜中性白细胞显著减少,而淋巴细胞增至80%~90%。血小板减少至100000~200000个/立方毫米。红细胞抗性降低,总数减少,血液凝固延迟。

治疗:

无特效治疗方法。潜伏期随着蓄积期延长而延长。

在停喂蕨以后1~2月内仍有发病可能。

采用对症治疗,如出血时用维生素K等止血药止血。

也可采用洗胃、催吐等方法,或皮下注射强心剂,如用樟脑类制剂。

用鲨肝醇1克溶于10毫升橄榄油或花生油中,皮下注射,连用5天疗效较好。

预防:

在蕨类新叶滋生地避免放牧奶牛,等其他草类繁茂后再利用该放牧区,以减少牛对蕨类植物的采食量,避免中毒。

中毒多发生在春季,对疑似中毒牛,及时进行血液检查,及时救治。规模性舍饲牛,中毒的机率比放牧牛要少。

第六节 食盐中毒

食盐是奶牛体内不可缺少的营养成分,在配制饲料时一定要配合适量的食盐。一般来说,奶牛的不同饲养阶段食盐需要量不同,但是采食量过多,超过机体调节范围就会中毒。

中毒的原因:

奶牛长期食不到足量的盐,突然遇到食盐而大量采食,造成食盐中毒。长期饲喂酱油渣等含盐量大的渣汁饲料也易造成食盐中毒。在规模化奶牛场因饲料混合不匀易造成个别牛多食入食盐。也有奶牛进入饲料库偷食多量食盐而中毒。

中毒机制:

由于氯化钠中的钠离子会改变所到之处的渗透压而发生不正常的变化,如进入肠道的量超过正常代谢量就会大量吸收水,一方面是氯化钠在肠道浓度升高后改变了肠的正常渗透压而使大量水进入肠道,使组织缺水、血液黏稠、肠道内积水;另一方面被稀释后的盐进入血循、进入组织,使组织间、细胞间水盐代谢打破平衡,使细胞失水,导致细胞外液增加,出现组织水肿。如血液渗透压增高,红细胞受到破坏,血钾增高,红细胞输氧能力下降,就会造成组织缺氧,而细胞膜通透性增强,细胞内的酶和钾大量进入细胞外液,又由于细胞内渗透压增高,水的流失使酶的活性降低造成机体代谢紊乱。尤其高血钾可使心脏在舒张期停跳而使动物死亡。

总之,过多食盐,会改变正常细胞内、外的渗透压,造成细胞缺水,代谢紊乱,肠道积液,组织水肿。

当食盐中毒引起脑组织水肿时,颅内压升高,病畜处于缺氧状态。钠离子增加又抑制了葡萄糖在脑内无氧分解来供给能量的过程,导致大脑发生局部变性,临床上出现中枢神经机能紊乱的状态。

食盐中毒一方面是食入较大量的食盐,一方面要看供水是否充足,如供水充足可以通过排尿、排汗等方式排出一部分多余盐量,缓解中毒情况;如处于缺水状态,即使食入盐量不多,因缺水而不能加大排泄量,也会产生中毒症状。

食盐对牛的致死量是1.4～2.7千克。有报道称,一昼夜进入体内的食盐达到2.25克/千克体重,可引起中毒,3.7克/千克体重可致死。

症状:

患畜渴欲增加,食欲减退甚至不食,可视黏膜潮红,下痢或便血,腹痛,出现神经症状,出现转圈运动,接着出现癫痫,口吐白沫,面肌抽搐,前冲后退,有时摔倒在地全身痉挛、心动亢进、呼吸困难。随着中毒的加剧,发作间歇越来越短,后期阴唇肿胀,后躯麻痹,球节痉挛,视觉障碍。一般体温正常,重症1～2日内死亡。耐过的几天或1～2周恢复健康。

治疗:

可少量给予饮水,切忌一次大量饮水,否则易发生水中毒。

可投服油类泻剂。

为保护胃肠黏膜,可喂给牛奶、蛋清、淀粉糊。

为了拮抗增加的钠离子,可用10%葡萄糖酸钙500～800毫升静输;为了强心用20%安钠咖20～30毫升;为了补液、利尿,静注5%葡萄糖1000～2000毫升、速尿20毫升;为了解痉用硫酸镁注射液40毫升;为了缓解脑水肿,降低颅内压,可静脉输注山梨醇或高渗糖25%葡萄糖等。

总之,其目的就是强心利尿,加速氯化钠的排出,维持机体内部渗透压的平衡,避免因细胞内、外渗透压的变化造成组织缺氧等一系列恶性循环。

预防:

在运动场设置含有多种微量元素的盐砖,使牛在有盐欲时舔食。

在精料配合时给予足够的盐量,以免奶牛因缺盐而增加盐欲,进而因采食过量氯化钠而中毒。

在运动场经常保持有新鲜清洁的饮水。

在做配合饲料时要混合均匀,特别是采用机器混合要观察混合状态是否正常,混合时间是否够长。

第七节　奶牛过食中毒

奶牛由于不同原因,采食了过量的精饲料,特别是多吃了高蛋白饲料后,在瘤胃中迅速膨胀、发酵,产生多量的酸性物质,发生瘤胃积食、瘤胃酸中毒等一系列病象。

过多采食精料的原因:

饲草缺乏、以增加精料作为营养补充时喂了过多的精料。牛是有前胃的草食动物,不吃草或少吃草,既不能饱腹,又缺乏草纤维刺激瘤胃正常蠕动和消化作用。瘤胃内消化主要是多种纤毛虫和多种常在细菌进行分解、消化,使粗蛋白转化为生物可利用的氨基酸,使纤维和能量饲料转化为多种有机酸和单糖或合成葡萄糖供给动物能量需要。当给料量过多时,会在瘤胃内产酸过多而杀死纤毛虫和部分不耐酸细菌,使产酸菌大量繁殖,产生乳酸、丙酸、丁酸等,产糖量相对减少,造成一系列瘤胃酸中毒现象。

也有因在收割后的谷地里放牧,奶牛采食了过多的地里残留谷物,或奶牛偷食过多的精饲料而引发此病。

严重的酸中毒会使机体脱水,产生内毒素中毒,导致血氨增高,很快使肝脏、肾脏、心脏等重要器官坏死或发生中毒性蹄叶炎,甚致休克。

这种病例在实践中常遇到。一次,从山东购回四头牛,其中一头是不满 15 月龄的小牛,一头是老牛,其余两头为壮年牛。回来一下车,四头牛全部无精打采,行走摇晃,不吃,有饮欲。过半天,老牛卧地不起,畜主请我和另外一位当地知名兽医去看,而我们到时已是第二天上午。此时病畜卧地不起,视力模糊,眼睑反射消失,瘤胃膨胀、蠕动停止,体温无变化、但比平常稍低,眼窝下陷,有缺水表现。于是我们给其灌服消气灵,静脉给 5% 葡萄糖生理盐水,5% 碳酸氢钠,以制酸,补液,同时向畜主了解到,在运输途中因无草可喂,为了保证营养他给牛喂了几次成品配合料,为了防饥甚至多喂了一点。

于是我们按过多吃了精料中毒治疗,经过一天一夜的努力,只救活了一只小牛。可能是其体小挤不过其他牛,吃得较少,中毒较浅,才被救活了。

另一次,有五头奶牛发病。我去看,奶牛体况较好,能站立,不食、不产奶,瘤胃鼓气,蠕动音全无,腹围明显增大。我想,在一个饲养户伙发,可能与饲喂有关,经了解果然是畜主在缺草的情况下,为了增奶多喂了点精料,庆幸的是增加量并不是很大。

进一步诊视,鼻镜干燥,体温不高,病畜有些躁动。于是对鼓气严重的瘤胃穿刺放气。通过穿刺针注入2%来苏儿100～150毫升以制酵,静注5%葡萄糖生理盐水3000毫升和5%碳酸氢钠1000毫升,治疗脱水和酸中毒。肌注青霉素400万单位4支到6支不等。

经过两天的对症治疗,其中四头逐渐恢复。

应用生石灰水进行瘤胃冲洗对治疗瘤胃扩张、瘤胃酸中毒效果较好,但因条件不具备而未施行。制法:生石灰1斤,加水5斤,充分搅拌、沉淀后用上清液。一般一次用1万毫升左右。给牛插胃管洗胃,一要有开口装置,以防牛咬烂胃管;二要先插入瘤胃上部放气,再灌药冲洗。牛头不易下按,胃液的导出有难度,所以也有人经牛鼻腔插胃管洗胃,导胃液。

用碳酸氢钠中和胃酸时,若量大,会造成碱中毒,用时要适量;而生石灰水与乳酸形成乳酸钙不易吸收中毒。

当然还要对症治疗。胃内灌青霉素、氟脈酸等药也可起到抑制某些细菌繁殖的作用。

预防:

饲喂奶牛精粗饲料按生理、生产要求合理搭配,保证奶牛有足够的饲草,如青干草、青贮玉米、优质干草等。

不要在刚收割过的麦地里长时间放牛。

不要在用过除草剂的麦田里放牧。

治疗:

奶牛瘤胃酸中毒治疗方法:

(1)解毒:常用5%碳酸氢钠注射液1000～1500毫升静脉注射,12小时再注一次。当尿液pH值在6.6时,即停止注射。

(2)补充水和电解质:常用5%葡萄糖生理盐水,每次2000～2500毫升。病初量稍大些。

(3)防止继发感染:可用抗生素,如庆大霉素100万单位,或四环素200~250万单位,一次静注,每天2次。

(4)降低颅内压,解除休克:当病牛兴奋不安或甩头时,可用山梨醇或甘露醇,每次250~300毫升,静脉注射,每天2次。

(5)洗胃疗法:除去胃内容物,对降低瘤胃酸中毒有良好效果。其方法是用内径25~30毫米的塑料管经鼻洗胃,管头连接双口球,用以抽出胃内容物和向胃内打水,应用大量水洗出谷物及酸性产物,即便昏迷的病牛,加强抢救也可使之健康。对呼吸困难有窒息先兆者,应静脉注射3%双氧水200毫升并加25%葡萄糖溶液2000毫升,注射后继续洗胃。

预防措施:

(1)干奶期的营养水平:干奶期奶牛的营养水平不应过高,严禁增料催膘、催奶和偏饲,在保证各种饲草料的基础上每天应保证供给3~4千克干草。

(2)日粮中加碳酸氢钠等:精料饲喂量高的牛场,日粮中可加入2%碳酸氢钠、0.8%氧化镁(按混合料量计算)。

第八节　酒糟中毒

酒糟是酿酒的副产品,酒糟由于质地柔软,有酒香味,适口性好,是奶牛爱吃的饲料之一;更由于其价格较低、营养比较好,是养牛户多选用其喂牛的原因之一。

奶牛往往因为饲喂不当,长期饲喂或突然大量饲喂,尤其是喂了湿的新鲜的酒糟而中毒。因其中含的可挥发物质大量被保留。

病因：

主要是喂了过量的酒糟，减少了饲草和其他精料的喂量，或者是由于保管不善，奶牛偷吃了过量的酒糟或者是喂发霉变质的酒糟所致。

致病机理：

酒糟中有毒成分因所用原料和曲种不同而有差异，且与存放时间、干湿程度有关。如新鲜的酒糟中乙醇含量大；发酵酸败的酒糟中酸度上升，含乳酸、醋酸、酪酸等游离酸和杂醇油，而杂醇，如甲醇、戊醇的存在加大了酒糟的毒性；霉败原料制酒后酒糟中会含有多种真菌毒素；湿酒糟堆放时间过长可产生大量乳酸，如果此种湿酒糟喂量过大时，常会引起酸中毒。

简言之，一是乙醇中毒，类似喝醉酒；二是杂醇中毒，如甲醇，损害视力；三是酸中毒。

症状：

急性中毒：奶牛精神沉郁或兴奋不安，不食，心率快，脉细弱，多便且稠，或只做排便动作，共济失调，四肢乏力。

慢性中毒：前胃弛缓、食欲不振、母牛屡配不孕、流产、腹泻、骨质疏松、消瘦、后肢系部有炎症，严重时皮炎可涉及全身，终因机体衰竭导致败血症或其他并发症而死亡。

病理变化：

胃黏膜和肠黏膜充血、出血，系膜淋巴结充血，肝、肾肿胀、变性，肺充血、水肿。

诊断：

根据饲喂酒糟的病史和临床症状初步诊断。

如系急性中毒可测试酒精含量。

治疗：

首先停喂酒糟，给予优质干草。可针对不同的毒物进行针对性治疗。

一般可用石灰水洗胃，使胃内容物变为碱性或中性。

生石灰水 1 份，水 5 份，充分搅拌、沉淀后，用上清液。

用 5% 葡萄糖生理盐水 1500 ~ 3000 毫升，5% 碳酸氢钠溶液 500 ~ 1000 毫升，一次静脉注入。

当脱水症状有所缓解时可用 10% 葡萄糖酸钙 500 ~ 800 毫升，10% 葡萄糖注射液，一次注射，注钙剂要慢，要监听心脏变化。

其他对症治疗，如强心、抑菌，用维生素 B_1 和维生素 C 进行调治。

为了缓解痉挛，用水合氯醛 5 ~ 15 克加淀粉糊灌肠，或硫酸镁注射液静注。

预防：

用酒糟做饲料，要喂新鲜的、充分晾过的，要存放，一定要晾干。发现酸败霉败的酒糟一定弃掉，不喂家畜。

因酒糟是糖少蛋白多，所以现在厂家已把玉米酒糟做成蛋白质饲料，简称 DDGS。

目前因为奶牛产奶量高，牛价、奶价都高，奶农不会用酒糟做主料，都是采用科学配料，大场更是统一喂精粗配合料，所以因单喂酒糟而发生中毒的病例越来越少。

第九节　生豆粕中毒

豆粕或豆饼是主要的蛋白饲料,含粗蛋白40%左右。在配合饲料中根据用途不同配比不同。

生豆粕中含有一种胰蛋白酶的破坏酶,采食后不仅不起蛋白质饲料作用,而且破坏机体对蛋白质的吸收利用,造成奶牛减产。

它的破坏作用快而且显著,产蛋鸡吃了生豆粕,第二天产蛋量下降,第三天明显下降,下降率高达20%左右。把生豆粕炒熟,喂给产蛋鸡,第二天马上恢复性增长。

本人遇到过多起因喂生豆粕而产奶量明显下降的病例。经了解,买回豆粕后添喂量并不大,不是过食精料造成的减产,而且没有其他明显病症。于是诊断为喂了生豆粕。让农户在锅里炒一下,破坏了胰蛋白酶抑制酶,使胰蛋白酶恢复了对蛋白质进行消化吸收、利用的功能,产奶马上恢复。在几个村照样处置了几个牛户的生豆粕,效果显著。

消息传开后,奶农全部喂炒过(加温破坏其中的酶)的豆粕。

所以我们购买豆粕时一定要弄清楚是生豆粕还是熟豆粕。这与榨油厂的榨油工艺有关。

特别是饲料厂,一定要用熟豆粕,以免喂料出了问题找不到原因。

饲喂各种豆类饲料都要加温破坏酶,使其失去抑制动物消化、吸收、利用蛋白类饲料营养的能力。生豆子里就含有这种破坏胰蛋白酶的酶,所以生制豆粕里仍然有。

农村喂豆子一定要加温处理。

另外饲喂添加剂要注意该添加剂的用法用量，不要因为超量引发中毒现象。

第十节　农药和兽药中毒

农药主要是用来杀灭农作物上的害虫、病菌，当然还有除草的功效。兽药是用来驱虫、驱治体内外寄生虫和治疗其他疾病的药物。因奶牛常误食喷洒农药的作物或兽医用药过量，用药残留或由于药物本身的缺陷造成中毒，有许多是因为对农药或对奶牛管理不严，造成误食误用而中毒。

一、有机磷农药和兽药中毒

有机磷农药或兽药中毒，是指有机杀虫剂通过奶牛消化道、呼吸道、皮肤等途径进入机体、组织引起的中毒，临床上呈现流涎、腹泻、肌肉痉挛等胆碱能神经兴奋的综合症状。

病因：

有机磷农药和兽药已使用多年，因为药效高、毒性大，往往会限制其使用范围，但人们在不断更新其种类。如敌百虫在20世纪60年代就广泛使用，至今仍不失为一种高效杀虫剂，且其在兽医上也常常使用。近年，兽医采用广谱驱虫药阿维菌素和伊维菌素，使敌百虫有机磷驱杀虫药使用的范围缩小。

常用的农药有甲拌磷（3911）、对硫磷（1605）、内吸磷（1095）、甲基对硫磷（甲基1605），还有高毒类敌敌畏（DDVP）、乐果、倍硫磷、低毒类敌百虫、皮蝇磷等很多种。

引起奶牛发生有机磷农、兽药中毒的具体原因有：

1. 大量采食喷洒过有机磷农药的农作物、牧草、多汁饲料，或误（偷）食了伴过有机磷农药的种子，或饮用了被污染的水。

2. 应用有机磷兽药驱治牛体内外寄生虫时，用量大或方法不当造成中毒。

3. 保管不当造成有机磷农、兽药的流失而误用中毒。

中毒机理：

进入机体内的有机磷与分布在神经系统、肌肉、血浆及红细胞的胆碱酯酶结合，形成磷酰化胆碱酯酶，它失去了原来胆碱酯酶水解乙酰胆碱的活性，导致体内乙酰胆碱蓄积过多而呈现中毒的现象。于是出现一系列与胆碱神经亢进的类似症状。

中毒症状：

病牛一般在采食、饮入有机磷农药后半小时左右发病。

轻度中毒：精神沉郁、轻度腹泻、不安、食欲减退、流涎、呼吸稍快、肠音亢进、频频排粪。

中度中毒：食欲废绝、病牛全身无力、瞳孔缩小、肌肉震颤；可见肋部跳动、大量流涎、流泪、胃肠蠕动亢进、腹痛或卧地不起；频排出稀粪，心率加快，呼吸脉搏增数，出汗，轻者在耳根、阴囊部有汗，重者全身出汗。

重症患畜：病畜全身颤抖，短时间兴奋后卧地不起、昏迷、瞳孔缩小、全身肌肉痉挛、大小便失禁；瘤胃鼓气、反刍、嗳气减少或消失、心跳急速、脉弱、呼吸困难、结膜发绀；中毒持久后出现相反症状，瞳孔散大、口腔干燥、体温升高，进入危象。

病理变化：

肠系膜淋巴结肿大、出血，心内外膜出血，肝、脾、肾肿大。胃内容物有大蒜味，气管、支气管内有泡沫样液体。

诊断：

根据病史和临床症状可作初步诊断。

实验室诊断方法有：

检验材料的制作：

可取吐出物、可疑剩余饲料、胃内容物、血液、肝脏等，用苯、氯仿、乙醇，提取有机磷（对有机磷的提取以苯、氯仿效果较好，可提收80%～90%）。检材如为液体，如饮水、血液，可取样品50克，直接用苯浸提，分三次，第一次加苯40毫升，第二次加苯30毫升，第三次加苯20毫升，每次振摇10分钟，加活性碳。将各次提取液滤入同一蒸发皿，自然挥发溶剂，残留物用适量95%酒精溶解后，供毒物定性分析用。检材如是固体，如胃内容物、食物、蔬菜等，先将其捣碎加无水硫酸钠，充分研磨成粉状，然后分三次用苯提取，或在苯提取液中加无水硫酸钠，脱水以后用滤纸过滤，也可用95%酒精温浸（50℃～60℃）1～2小时，过滤、挥发干酒精，再用苯精浸提一次，滤液自然挥干或置60℃水浴上蒸干，残渣用适量无水乙醇溶解，作检液用。

取定性滤纸一片，用毛细管吸取检液，滴一滴于滤纸上，待其浸开后，稍干，在斑点的中心滴加10%氢氧化钠溶液一滴，散开后，再在其上滴加1%间苯二酚乙醇溶液一滴，充分散开后，在电炉上直接加热（或用吹风热吹），如是敌敌畏或敌百虫，会在斑点周围出现一红圈，敌百虫比敌敌畏显色晚。

另有溴麝香草酚蓝试剂（B、T、B）全血纸片法。做法：取两块溴麝香酚蓝试纸，分别放在载璃片的两端，一端纸片中央加病畜末梢血一点，另一端加健康畜末梢血一滴，做好标记，立即用玻片盖上，用橡皮筋扎紧，迅速放入37℃温箱15分钟，取出与标准色片比较。显红色为正常，紫红色轻度中毒，深紫色中度中毒，蓝色重度中毒。

治疗：

生理拮抗剂是阿托品，牛一次用量为60～200毫克，严重中毒时以其1/3的剂量静脉给药，2/3皮下注射。因为阿托品在体内有效时间维持得不长，待呼吸好转，流涎停止，改用小剂量维持。阿托品不能解除烟碱样症状，即骨骼肌兴奋，也不能恢复胆碱酯酶活性，故重症需并用解磷定、氯磷定、双复磷。

胆碱酯酶复活剂：解磷定每千克体重0.015～0.05克或20～30毫克/千克体重，用生理盐水或5%葡萄糖注射液配成2.5%～5.0%注射液，缓慢静注，必要时两小时后重复一次。药效维持1.5～2小时。

如用双硫磷治疗，禁止使用高锰酸钾洗胃，因为高锰酸钾可将双硫磷转化为毒性更强的对氧磷。脂溶性的禁用油类泻药，氯磷定用葡萄糖生理盐水稀释为25%做肌肉注射，也可稀释为5%～10%做静注，剂量20～50毫克/千克体重。

双复磷40～60毫克/千克体重，可皮下静注、肌肉注射。

解磷定和氯磷定作用迅速，很快被肝脏分解，故应重复用药，病重者3～4小时用药一次。这两种药在碱性溶液中不稳定，易水解为剧毒的氰化物，所以此类药不能与碱性药物伍用。

解磷定对1605、1059、3911等急性中毒有良好的作用，对敌百虫、敌敌畏、乐果等中毒以及慢性有机磷中毒效果不理想。在这种情况下最好用双复磷，它对各种有机磷中毒都有效，而且可通过血脑屏障缓解神经症状。

八甲磷可用于敌百虫中毒的救治，因敌百虫在酸性条件下失效；可用1%醋酸洗涤被污染、治疗用药的皮肤。

其他辅助治疗：静注葡萄糖盐水，调节水盐代谢平衡。

病牛立即移到空气新鲜处，皮肤接触毒物后用温肥皂水、淡碱水（1% ~5%）、过氧化氢冲洗。敌百虫遇碱变为毒性更强的敌敌畏，故在敌百虫中毒时不能用碱性药物治疗、洗胃、冲洗皮肤。

洗胃后喂服碳酸氢钠或木炭末100～150克或活性碳等。

强心、补液、解毒、保肝，及时采取有效措施解毒，保牛健康。

预防：

严禁饲喂被有机磷污染的饲草和水，在用有机磷药物治疗驱虫时要掌握剂量，保证不乱用、不污染牛。

禁止在喷洒过有机磷农药的地里放牧。

保管好有机磷农药，不被动物食入。

二、有机氯农药和兽药中毒

有机氯药物过去在农牧业上广泛应用，目前，国内外因其毒性及残留毒害较大，都已禁止生产和使用，但国内尚有少数地方使用，现对其作一简介。

有机氯药物分两大类：一类是氯化苯和其衍生物，如六六六，DDT，林丹。一类是氯化钾撑萘及其衍生物，如艾氏剂、狄氏剂等。另外还有二氯苯醚菊酯、溴氰菊酯等。

这些有机氯药物残效期长，土壤中六年依然可不断地被植物吸收，通过其中生产的粮食、饲草转入畜体到人体，并有致癌作用，对人畜卫生、健康危害很大，像六六六粉之类的兽药很早就停止生产了。

有机氯可侵害神经系统和实质脏器，尤其对脂肪和类脂质有特殊亲和力。有机氯对中枢神经的作用主要是损害大脑皮层运动区及小脑。因此奶牛中毒后表现为共济失调、震颤、痉挛等神经症状。而且通过大脑皮层影响动物神经系统，中毒后发生流涎，出汗，心动过速，心律不齐，对肝脏毒性大，引起肝变性、坏死。

治疗：

1. 经皮肤吸收者，如用林丹药浴中毒者，用肥皂水或1% ~5%的碳酸氢钠溶液彻底清洗，最后用清水冲洗干净。

经消化道吸收中毒者，如为六六六、滴滴涕类中毒，可用1% ~5%碳酸氢钠溶液洗胃，若为艾氏剂之类药物中毒，可用0.1%高锰酸钾溶液或3%溶液稀释后洗胃。有机氯遇碱可分解。同时可投盐类泻剂，如用人工盐200 ~350克，硫酸镁500 ~1000克加水灌服。有机氯中毒禁用油类泻药。

2. 促进排毒，保护肝脏，增强机体抗病力，用5%葡萄糖生理盐水、复方氯化钠、10%葡萄糖共3000 ~6000毫升，一次静注；5%碳酸氢钠1000 ~1500毫升，一次静注；10%葡萄糖酸钙溶液500 ~1000毫升，静注。

3. 对症治疗。中毒初期可使用解痉镇静剂：盐酸氯丙嗪注射液1 ~2毫克/千克体重，肌肉注射；巴比妥钠0.2 ~0.4克/100千克体重，内服；当心力衰竭时可用强心剂，但不能用肾上腺素，因为有机氯中毒能引起肾上腺素敏感，小剂量就可引起心室纤维颤动、心律不齐而促进死亡。

三、金属和类金属药物中毒

1. 汞、砷中毒

汞及其有机化合物作为农业杀菌剂，如升汞、塞力散（醋酸苯汞）、西力生（氯化乙基汞）经过多年的应用，发现其毒性大、容易引起人畜中毒，长期使用还能引起蓄积中毒。目前，这些农业杀菌剂已被新的杀菌农药取代，有些汞制剂国内已停产。

如升汞作为一种强力消毒药也很少用或不用，取而代之的是多种毒性较小、杀菌谱广的新洁尔灭等。

当前引起奶牛金属药物中毒的因素，还有工业三废（废气、废水、废渣）等对饲草料的污染。

金属和类金属药物中毒是由于畜禽误食了被其污染的饲草料，使中枢神经和消化系统机能紊乱的中毒性疾病。

常见的有汞、砷、铅中毒，牛对铅比较敏感，即使少量接触也可导致中毒。含有 200 ~914 毫克/千克铅污染的土壤上生长的牧草可毒死犊牛。

发病原因：

有机汞、砷药物中毒，主要是奶牛误食了其拌的种子或污染的饲料、饲草、饮水，或接触了被工业排出的有机汞的废气、废水、废渣所污染的场地饮水而引起的慢性中毒。有机汞常温可产生蒸汽，而汞蒸汽气较重，常浮于地表，在被蒸汽污染的地方放牧极易发生中毒。

铅中毒是因食入含铅物质引起的，如吃入含铅的油漆与颜料及含铅机油、润滑油；采食了被含铅农药砷酸铅，含铅废气、废水污染的饲料、饲草；长期饮用铅制水槽、水管中存放或流出的水。

毒理：

汞离子进入机体与机体内的蛋白巯基接合，抑制多种酶的活性，阻碍细胞的呼吸，使畜体的组织器官，特别是中枢神经和植物神经系统的功能发生紊乱。

西力生（氯化乙基汞）中毒时，还可通过胎盘毒害胎儿，使胎儿畸形。

食入汞中毒，首先刺激消化道，发生口炎、胃肠炎。严重时牙齿松脱，口腔黏膜因被腐蚀而呈灰白色；咽喉黏膜浮肿、呼吸困难、呕吐；肾脏受刺激后，出现蛋白尿、血尿、尿量减少或无尿；肝脏受损后发生中毒性肝炎；心脏中毒引起血行障碍、心脏麻痹、虚脱、死亡。

牛的砷汞致死量为 4 ~8 毫克/千克体重。

砷本身毒性不大,但其化合物尤其以三氧化二砷(砒霜)的毒性最强。砷为细胞原浆毒、抑制酶蛋白的巯基,特别是与丙酮酸氧化酶的巯基结合后,会使其失去活性,减弱酶的正常功能,阻止细胞的氧化和呼吸。

砷还可以麻痹血管平滑肌,损害神经细胞,造成广泛的神经病变。

症状:

当汞、砷进入消化道,病牛首先出现口黏膜肿胀、出血、流涎、牙龈腐烂,继而腹痛、口臭、牙齿松动脱落。对肾损伤后,初尿多,进而少尿到无尿,出现蛋白尿、血尿以及管型尿。病至后期出现神经症状,舌咽麻痹、吞咽困难、视力减退、运动失调、肌肉痉挛,同时出现脱水、酸中毒及心力衰竭、呼吸困难、昏迷死亡。

诊断:

根据对有机汞、砷等金属和类金属毒物的接触史和临床症状可以初步作出诊断。

有化验室条件的地方可以实施实验室确诊,对每一种金属都有特殊的实验室诊断方法。

治疗:

首先是排出毒物,阻止进一步吸收中毒。内服牛奶、鸡蛋清、豆浆、活性炭以吸附、结合毒物;内服升华硫磺 20～30 克,使有机汞发生沉淀。服上述药物后,接着服硫酸镁缓泻、排出毒物。慎用升华硫磺。根据病牛体重适当增减剂量。

用特效解毒药:二巯基丙醇、二巯基丙磺酸钠、二巯基丁二酸钠、青霉胺,这一类药是竞争性解毒剂,含巯基,易于与金属、类金属结合成无毒、难解离的环状化合物由尿排出。它们与金属的亲和力大于与酶的亲和力,故能夺取已经与酶结合的金属,使酶恢复活性而起解毒作用。

二巯基丙醇主要用于砷、铅、汞金属中毒的解救；二巯基丙磺酸钠常用于汞、砷、铋的解毒；二巯基丁二酸钠对锑中毒效果好。

这类药物与金属易结合，但还有一部分易解离，故应多次用药，但用药次数和量不能过多，要掌握准确。

二巯基丙醇在最初 1 ~2 日内，每隔 4 小时肌肉注射一次，每千克体重 5 毫克，以后将剂量减半，隔 4 ~6 小时注一次，直到痊愈。5% 二巯基丙磺酸钠用于砷中毒，第一天 3 ~4 次，7 ~10 毫克/千克体重，皮下或肌肉注射；第二天 2 ~3 次，以后一天 1 ~2 次，一周为一疗程；停药数天，再进行第二个疗程。

二巯基丁二酸钠是粉针剂，用时配成 5% ~10% 的水溶液做静脉注射，剂量为 3 ~5 毫克/千克体重，或 20 毫克/千克体重，隔 3 ~4 小时注一次，4 ~5 次后逐渐减少次数，3 ~5 日为一疗程。

硫代硫酸钠在体内与砷、汞等金属结合成无毒硫化物从尿中排出，用 10% 的溶液 50 ~150 毫升静注或内服。

对症治疗：

出现虚脱、脱水，用右旋糖苷、葡萄糖等补液；为制止出血，提高机体机能，可肌注维生素 K_3、维生素 C、维生素 B_1、出现麻痹的可用士的宁，口腔病变用 0.1% 高锰酸钾冲洗。

预防：

避免或防止奶牛接触这些有毒的金属和类金属，加强饲养管理，注意日粮中矿物质和微量元素的合理供给，不在相关工厂区或附近放牧，不饮工厂排出的废水，保管好油漆涂料及处理好其用后的废弃物。

2. 铜中毒

治疗：

急性病例，用0.1%亚铁氰化钾或硫代硫酸钠洗胃，使铜形成不溶性亚铁氰化铜沉淀，不被动物吸收；同时内服氧化镁、蛋清、豆浆、药用碳以保护胃肠，连用10～15天。不能用牛奶和植物油。

预防：

①如在高铜草场上放牧，可在精料中加适量钼、镁及硫以防铜中毒。

②应避免在有毒物草场上放牧，在饲料中加钼酸铵和硫酸钠以缓解铜中毒。

③不用含铜较高的猪、鸡饲料喂牛。

3. 铅中毒

治疗：急性中毒，用10%硫代硫酸钠或硫酸镁洗胃；内服形成不溶性硫酸铅排出体外。

保护肠、胃黏膜可内服蛋清、牛奶、豆浆。每日1～2次，连用2～3天。

用10%葡萄糖酸钙静注，或服用乳酸钙，使铅回到骨骼。

其他可用强心、补液等辅助疗法。

主要预防工业污染。

4. 钼中毒

地方性血尿病，表现为持续性腹泻、被毛脱色、生长发育不良。

治疗：

内服硫酸铜，每日一次，连用3天。注意，硫酸铜曾用为驱虫药，一般一头羊用1%硫酸铜水溶液50～100毫升，用量大或体质差的羊常易发生中毒死亡。所以在用硫酸铜解除钼中毒时要注意用量。

或用甘氨酸铜皮下注射，补给铜制剂，对解除钼中毒效果更好。

预防：

杜绝毒源，防止污染，改良土壤，减少饲料中钼的含量。

5. 硒中毒

又名瞎闯病。

因采食含硒量过高的饲草饲料而发病，症状以胃肠炎和肺水肿为主。

治疗：

急性中毒用新砷斯凡纳明（九一四）静注，或试用其他有机砷制剂。

慢性中毒用对氨基苯砷酸加 10% ~20% 硫代硫酸钠注射，效果良好。

第十一节　尿素中毒

由于反刍动物瘤胃内的纤毛虫和部分微生物可以利用非蛋白氮合成生物氮、氨基酸，于是饲养奶牛、绵羊等反刍动物的畜主常给喂尿素，而尿素也确实已成为当前非蛋白氮的供应源。但是，因为饲喂的方式和剂量的不同，常因饲喂量过大而发生中毒，造成不应有的损失。

尿素作为农业肥料，每家农民都在使用。奶牛常因误食过量而发生中毒。

为了提高青贮玉米的含氮量，我们曾制作了加尿素的青贮玉米，使用效果很好。但是一天给一个有 400 多头羊的羊群送去青贮（含尿素），第二天早上出牧前给羊补饲，不一会儿有 100 多只羊乱跑、不安，有的抽搐、倒地。经检查，认为是由于青贮中尿素拌得不匀，发生尿素中毒。经过抢救治疗，死亡30多只，其余出牧以后，慢慢恢复。这个例子告诉我们在用尿素调制饲料时一定要拌匀。

中毒症状：

奶牛在食入过量尿素后，在30～60分钟内出现中毒症状，首先是表现沉郁，接着出现不安和感觉过敏、呻吟、反刍停止、瘤胃鼓气、肌肉抽搐震颤、步态不稳、反复强直、痉挛、呼吸困难、出汗、流涎，后期病畜倒地、肛门失禁、瞳孔散大、四肢滑动、窒息死亡。

中毒机理：

当进入瘤胃的尿素量过大时，尿素被分解为大量的氨，但纤毛虫、微生物来不及利用，不能全部转化为生物氨基酸被牛利用。剩余氨除了造成物理性瘤胃鼓气、膨胀外，还会被瘤胃吸收入血使血氨升高，更主要的是尿素氨随水或瘤胃内容物进入真胃和小肠后很快就会被吸收入血，甚至到肝、肺中引起不同脏器的病变。真胃中的脲酶分解成氨吸收中毒，氨接触黏膜会使黏膜充血、水肿、起泡，表现为碱性化学物的灼伤，发生溃疡。

氨进入血液后，会抑制中枢神经系统，引发中毒性肝营养不良、肺水肿、胃肠炎，严重时发生窒息或因胃肠黏膜受损继发感染，发生败血症。

诊断：

首先是有使用尿素添加剂和在喷洒尿素及其他非蛋白氮化肥的草场放牧或进入施肥的农田病史；有强直性痉挛、呼吸困难等神经症状和消化道受灼伤的症状；如有死畜剖解，瘤胃内容物散发出氨的臭味等可以建立诊断。进一步确诊，须采集瘤胃液、尿液、血液，测定其氨含量。当瘤胃液含氨量达到80～200毫克/100毫升，血氨含量达到2～4毫克/100毫升时可确诊为氨中毒，即尿素氨中毒。

治疗：

1. 内服食醋 1～1.5 斤或 1% 稀醋酸 1000 毫升，加水适量，成年牛一次灌服，以抑制瘤胃和真胃中脲酶活性，中和已生成的氨，减轻其刺激作用。

2. 静脉输注解毒剂——硫代硫酸钠注射液，同时内服硫酸镁缓泻，排毒。

3. 对症治疗：应用葡萄糖酸钙注射液，高渗葡萄糖注射液，水合氯醛注射液及瘤胃制酵剂。

还可用阿托品、甘露醇、尼可刹米、安溴合剂、地塞米松、维生素 B_1 和维生素 C 等药对症治疗。

如瘤胃鼓气严重可穿刺放气。

预防：

1. 初次饲喂，尿素添加量要小，大约为正常饲喂添加量的 1/10，以后逐渐增加，持续 10～15 天加到正常添加量。并且在饲料中供给玉米、大麦等富含糖类及淀粉的饲料。一般添加尿素量为日粮的 1% 左右。最多不应超过日粮干物质的 1%～2%。

2. 添加尿素，要合理、适量、搅拌均匀，不能单独饲喂。饲喂尿素时既不能溶于水中饲喂，也不能在喂尿素后大量饮水，以免尿素分解过快而中毒。降低尿素的分解速度，是提高尿素利用、防止中毒的重要措施。

3. 添加尿素饲喂奶牛时，不能过多地喂豆类、南瓜等含有脲酶的饲料，否则会加快尿素在体内的分解速度，造成中毒。

4. 哺乳的小牛不要喂尿素。哺乳小牛瘤胃中利用非蛋白氮的生物体系没有建立起来，而且哺乳期幼牛的流食直接从食道进入真胃和小肠，因为此时幼牛的食管沟封闭良好，食物不会进入瘤胃。

5. 非反刍动物切不可补饲尿素。没有前胃的动物就不能利用非蛋白氮或氨。

6. 对尿素等化肥加强管理，防止牛误食中毒。特别是种地、养牛的农民更要注意。

第十二节　霉败青贮饲料中毒

由于青贮池漏水、压得不严，使青贮料变质，此时霉菌、肉毒梭菌、真菌繁殖活跃，产生毒素，污染了青贮料，致饲喂奶牛中毒。

一般饲喂3~7天后发病。病牛站立不稳，腹痛，腹泻，有的出现神经症状，低头前冲，随后四肢麻痹，卧地不起，舌垂于口外，第三眼睑外露，痉挛而死。

防治措施：严禁喂霉败变质青贮。

1. 用0.1%高锰酸钾洗胃；或用10%硫酸镁洗胃、缓泻排毒，配合使用强心、补液、解痉、兴奋全身的药物。

2. 如能分辨毒种来源，针对菌毒素进行解毒、消炎（制菌）治疗。

3. 用抗菌消炎药制酵、制菌，防止细菌性胃肠炎。

第十三节　黄曲霉素中毒

黄曲霉素中毒是人、畜共患病，主要侵害肝脏，以出血、消化机能障碍和神经症状为特征,且有致癌作用。患牛多呈缓慢性经过。

病因:

目前已发现的黄曲霉素有二十多种。其中以黄曲霉素B1、B2、G1和G2毒力最强。黄曲霉素致癌的靶器官是肝脏,对肾、胃、直肠、乳腺也可致癌。黄曲霉素是已发现的最强的致癌化学物质。

黄曲霉素是由黄曲霉菌和寄生曲霉菌等产生的真菌毒素。

本病发生的原因是奶牛采食或被饲喂了被上述产毒真菌污染的玉米、豆类、小麦及其加工副产品,如酒糟、油粕、渣滓类。

黄曲霉菌和寄生曲霉菌等广泛存在于自然界,当环境适宜时被污染繁殖,生产大量毒素。如在多雨季节,温度在24℃~30℃,相对湿度在80%以上时最易繁殖;在2℃~5℃或高至40℃~50℃,不能繁殖;在饲草料、粮油、粮油副产品含水量为20%~30%时繁殖最快,含水量降到12%以下时,不能繁殖。这就提示我们,在储存饲料时一定要晾晒干,使其水分降到12%以下。

黄曲霉素在动物体内代谢过程中,主要是抑制细胞的RNA(核糖核酸)聚合酶,使核糖核体和细胞核的RNA受阻;其次是抑制DNA(去氧核糖核酸)前体,改变DNA的横板性质,干扰DNA的转录;同时蛋白质的合成作用受阻;影响细胞内线立体代谢以及溶酶体结构和机能等多种生化反应。

牛食入黄曲霉素B_1后,经过代谢转化,排泄,如不再继续食入,一周后可排尽。但也可经乳汁排出少量。

症状:

奶牛发生黄曲霉素中毒多为慢性经过。

犊牛发病后营养不良，被毛粗乱、无光泽，生长发育缓慢，鼻镜常干裂，食欲减退；中毒严重时，食欲废绝、磨牙、腹痛、精神迟钝、失明、下痢、排出带血的黏液，严重的里急后重，死时常见直肠外翻（脱肛）。

病理变化：

以肝脏病变为主，肝质地变硬、纤维化，有肝细胞瘤，肝表面色淡或呈黑褐色；胆囊扩大 10 ~ 20 倍；肾脏呈黄色。

诊断：

由于黄曲霉素中毒取慢性经过，常被延误诊断和治疗的时机，我们在诊治慢性病畜病的时候，要主动检查饲草料是否有霉败情况，据此作出相应判断。

根据饲草料的霉败情况，结合症状、病理变化综合分析，可做出初步诊断。如要确诊，要对饲料样品做真菌培养，鉴定产毒真菌，并对样品做毒素检验。

先用直观筛选法：选有代表性的可疑饲料，分组盛于盘内，摊成薄层，直接在波长 365 纳米的紫外线灯下观察荧光。如果饲料中含有黄曲霉素 G1、G2 则可见到黄绿色荧光；当看不到荧光时将饲草料磨碎，再观察一次，仍不见荧光，则视为阴性（无黄曲霉素）。

饲料中黄曲霉素的测定，可在实验室用硅胶薄层层析法或微柱层析测定法。必要时再做生物学试验，如家兔皮肤试验，小白鼠试验等。

治疗：

1. 立即停止饲喂霉败的饲草料，有条件的改喂青饲料和适当调高蛋白饲料，减少或不喂含脂肪多的饲料。一般经过调整饲料、加强护理，轻症病牛很快会恢复。对重症患牛及时投服盐类泻剂排毒。

2. 无特效疗法，可采用对症治疗。同时用解毒护肝的药物，如静脉输注25%葡萄糖注射液和维生素C注射液；或应用20%葡萄糖酸钙注射液500～1000毫升静脉注射；心脏衰弱时可注射强心剂如安钠咖等。为了控制或预防感染可用青、链霉素等抗菌药，但不能用磺胺类药。还可给三磷酸腺苷、辅酶A、18种氨基酸，以加强营养和消化吸收功能。

预防：

防止饲草饲料污染霉菌发生霉败产生毒素是最重要的预防措施。

在收获季节里，既要抓紧时间收贮，又要及时晾晒干燥，使其含水量不超过12%～13%；现在多为机械化收贮，速度快，能留出足够的时间将其晾晒干燥，如在田间晾秸秆，在场面晾干谷粒。收贮以后要防止雨淋、高温，一是收藏在有顶棚又通风的环境中，二是如无此条件在露天贮存时最好盖上塑料布，以防雨淋变湿霉败。

如在房舍内贮存，为防止霉败或已被黄曲霉菌污染可用环氧乙烷、过氧乙酸喷雾（每立方米用5%过氧乙酸2.5毫升）消毒；或在密闭环境中用福尔马林熏蒸（每立方米用福尔马林25毫升、高锰酸钾25克，加水12.5升混合熏蒸），在用福尔马林熏蒸时，人不能进入，必须在熏蒸24小时以后打开门窗，放尽甲醛味，人、畜才能进入。

去毒：在温度、湿度等条件合适时，黄曲霉菌在48小时内即可产生毒素，去毒的方法中以水冲洗法最为经济实惠。

具体做法是将玉米、豆类等饲料粉碎后，放在容器内，加水5倍以上搅拌，使其沉淀，然后去掉清液，再换新水。反复冲洗至上清液无色无味时方可供饲用。在使用时要控制使用量，要与其他未受污染的饲料配合使用。

目前常用氨处理被黄曲霉素污染的饲料，在 40 磅气压、72℃ ~80℃的温度下，可使去毒效果达 98% 以上。同时，还可使饲料含氮量增加，不破坏赖氨酸，使饲料安全又营养。

有研究证明，成年牛日粮中黄曲霉素 B_1 的含量不超过 100 微克/千克体重就不会发生中毒。

第十四节　霉稻草中毒

霉稻草中的镰刀菌是真菌中三线镰刀菌、半裸镰刀菌、串珠镰刀菌、禾谷镰刀菌等所产生的毒素，易引起牛（奶牛、耕牛）外周循环障碍而发病。表现为耳尖枯焦、尾端干性坏死、腿肿蹄烂、出血、化脓、坏死。多发生在蹄冠部。病牛相应会发生精神萎钝等全身性表现，但一般生理特征无明显变化。

防治：

此时应立即停喂霉稻草，加强营养供应和病变部位的护理，及时对症治疗。

病初以促进病牛血液循环为目的。对患肢进行热敷、按摩，或灌服白胡椒酒（每次灌服白酒 200 ~300 毫升，白胡椒 20 ~30 克）。以促进血液循环。牛对酒的耐受力较低，量大易引起麻醉。

肿胀部位发生溃烂、感染时，进行抗生素或磺胺类药物的抗菌治疗：磺胺噻唑钠 10 克，或磺胺嘧啶钠 30 ~50 毫克/千克体重，或卡那霉素 6 ~12 毫克/千克体重，一次静脉注射，连用数日。

对于患部尚未溃破的病牛，用消毒液冲洗患部，涂布松节油、樟脑擦剂等局部刺激药；当患部破溃时，用0.1%高锰酸钾，1%～2%来苏水冲洗患部，洗后在疮内撒布磺胺粉、碘仿磺胺，或用红霉素软膏涂敷，并扎上绷带，每日换药一次。也可采用中药疗法，即陈石灰50～100克、土一枝蒿30～50克、通泉草500～1000克，将土一枝蒿、通泉草（均为生药）捣烂与陈石灰调匀，用此药包敷患部，1～2日换药一次。

病情严重时可静注10%～25%葡萄糖1500～2000毫升和5%维生素C 20～40毫升。

内服加减银翘解毒散，有除湿、消肿、止痛的功效。

处方：银花9克、连翘45克、牛夕45克、蒲公英60克、茵陈60克、土茯苓30克、木瓜24克、黄芩30克、秦艽30克、枳壳30克、陈皮30克、神曲30克、木通30克、防风18克、荆芥15克、甘草12克。水煎服。每天一剂，连服2～3剂。

第十五节 黑斑病甘薯中毒

牛吃了患有黑斑病的甘薯后发生中毒。临床上是以呼吸困难、喘息为主要症状的急性中毒性疾病；病程短，易于窒息死亡。

主要临床症状：

中毒多发生在春末夏初留种甘薯出窑或甘薯秧种植后，甘薯种被挖出（苗床腐败残薯），有毒甘薯被牛偷吃，误食致中毒。

黑斑病菌是霉菌中的子囊菌，其毒素成分是甘薯酮、甘薯醇等，其味臭而苦，烘烤和蒸煮对其毒素无破坏作用。

中毒症状初为精神沉郁，以后肌肉震颤，食欲减退或消失，胃肠蠕动减弱，常发生便秘且粪便干硬、上黏附黏液，但体温正常，最主要的症状是呼吸困难，呼吸频率每分钟增至 80～100 次，较远距离可以听到拉风箱样的呼吸音，而肺部异常呼吸音被强烈的气管音和喉头的拉风箱音掩盖。后期发现皮下水肿，触诊有捻发音，结膜发绀，口鼻不断流出泡沫状分泌物，张口呼吸，长期站立，不愿卧下，卧地后痛苦呻吟，耳根发凉，四肢厥冷，窒息死亡。

防预：

本病的预防最重要。加强甘薯的收贮保管；防止甘薯腐烂发霉；对已霉烂的和苗床残留的甘薯苗集中处理，防止家畜采食，特别不能拿来喂牛。

治疗：

无针对性解毒药。发现中毒后首先使用 0.1%～0.2% 高锰酸钾 1000～2000 毫升；或用 3% 双氧水加水到 1:500～1000，灌服或洗胃。

内服人工盐、硫酸镁等泻剂排出消化道内毒物。

静脉注射 5% 葡萄糖 500～1000 毫升，或更多。

缓解呼吸困难：可静脉注射 5% 硫代硫酸钠 200～300 毫升、维生素 C。有条件的可以进行氧气吸入，也可以将 50～100 毫升双氧水溶于 1000 毫升葡萄糖生理盐水中静脉输注。

用土霉素 2～3 克溶于葡萄糖生理盐水中静注，每日两次，连注 3～5 日。

有报道称，用中药“五子汤”治疗效果较好，可试用。

处方：苏子、白芥子、车前子、葶苈子、莱菔子、陈皮、川朴、当归、麦芽、青皮、甘草。

第十六节　氟中毒

氟是动物机体中的正常组成成分。

按其制剂可分为有机氟化物和无机氟化物。慢性氟中毒主要见于土壤中含氟量高的地区，另外，以含氟矿石为原料的工厂排出的废水中含氟，废气中含有氟化氢、氢氟酸和氟铝酸等，它们也可污染草场，牛长期采食该草场上的草料后也会发生中毒。

有机氟农药、兽药中毒，病程较急。

氟是动物机体不可缺失的一种微量元素，食物中含氟量过低会引起龋齿，在正常机体的代谢中不会发生中毒。

关于饲料中含氟的允许量各国规定不一样。一般认为，牧草含氟量超过 30～70PPM（百万分之一），家畜长期采食可引起慢性中毒。我国规定人的饮用水含氟量不超过 1PPM，家畜一般认为不超过 5PPM。奶牛慢性中毒主要是由于工业污染或饲料中含氟量过高引起的。

中毒机理：

慢性中毒的机理还不很清楚，一般认为进入体内的氟能够和体内钙特别是血中钙、镁、铁、锌等金属元素结合成氟金属复合物，使这些为激活酶的元素的酶活性以及相应的生化反应被抑制而出现的一系列中毒症状。

症状：

以骨和牙的病变为主。特别是幼龄畜病变明显，牙齿易磨损，特别是门齿、永久齿变短；牙唇面颊面失去光泽、变得粗糙且呈黄褐色或黑色；在釉面上有裂纹，奶牛表现为对称型斑釉齿，普遍出现磨面不整、高低不平；严重的臼齿变成长短不齐的锯齿状；有些牙松动脱落；有时发生龋齿、齿槽炎、齿瘘。由于牙齿的变化影响咀嚼，或不能咀嚼，进而影响饲草料的正常消化吸收，使体质变得虚弱。

管骨也是如此，肋骨表面膨隆，病牛发生跛行，由于骨质疏松易于骨折。X 光检查可见，骨密度降低、皮质变薄、骨髓质变多、皮质中出现裂隙（一般骨氟含量在 3000PPM 以上，才能有变化）。

诊断：

根据临床病变特别是牙的病变，可对对称性斑釉齿作初步诊断。此外还要区别是否因其他微量元素引起类似变化。

可靠的诊断是做骨氟和牙氟的含量测定。

调查氟源是来自工业污染还是高氟地区，可对诊断、防预提供依据。

如果是氟源性中毒则一定是伙发或多种动物发生，甚至人也会发生齿和骨的变化。

治疗：

急性氟中毒可以用 0.5% 鞣酸溶液洗胃，再口服 1% ~2% 氯化钙溶液或石灰水以解毒。或用硫酸铝 30 ~60 克于常温水溶解、灌服，再用 1.5% 氯化钙 1500 毫升灌服。

静注葡萄糖酸钙或氯化钙注射液。

静脉注射维生素 C 可减轻骨质肿胀、增进食欲。也可使用维生素 D 促进骨钙的吸收。

如为氟乙酰胺中毒，立即注射 50% 乙酰胺水溶液（解氟灵）解毒（按 0.1 克/千克体重肌肉注射，首次量为全日量的 1/2，剩余 1/2 每隔 2 小时肌注 1/4，第二天起将总量分成 4 份，每隔 4 小时肌注一次。用药 2 ~ 3 天后,每天减药 1/3,连用 5 ~ 6 天)。

预防:

在工业污染区防止和控制氟的排放量,控制氟对环境的污染。控制饲料中的含氟量,每千克体重不超过 1 毫克,幼畜、种畜不超过 0.5 毫克。注意在饲料中增加钙含量。

地方性氟病预防要采取积极措施,改换水源,降低饮水含氟量。饮用深井水可以预防地方性氟中毒。采用轮牧制的在高氟区和低氟区轮牧,在高氟区放牧不能超过 3 个月。

第十七节　菜籽饼中毒

在盛产油菜籽的地方,常用菜籽饼作蛋白饲料配制混合饲料喂喂牛。当地奶农为了价格便宜,加量较多,常出现中毒现象。

治疗:

贫血严重的要输血(健康牛血)、补铁,口服硫酸亚铁,给营养丰富的饲料;如出现视力障碍和肺气肿时,注射苯海拉明、异丙嗪、地塞米松,如为孕牛不能注射地塞米松;如有胃肠炎、腹痛注射山莨菪碱(6542)。

同时注射抗生素类药,如氨苄青霉素、庆达霉素、卡那霉素、氧氟沙星等抗菌消炎药。

用葡萄糖氯化钠注射液、维生素 C 等调节体液渗透压。

口服健胃药如大黄苏打片、干酵母片等。

预防:

油菜籽的生榨饼是有毒的,用时要脱毒。脱毒的方法:将油菜籽饼粉碎，温水浸泡 8～10 小时，倒去上清液，再加水煮沸几小时，适时搅拌，使毒素蒸发出去。

如果是熟榨的就已脱毒，一般不会中毒。不过现在农村榨菜籽油多用生榨法，用时需格外注意，以免因中毒而减产（奶）、不食、精神不好。

第十八节　棉籽饼中毒

用棉籽提炼油以后的饼渣、籽仁常作为家畜和奶牛饲料。现产棉区和非产棉区都在使用棉籽饼作蛋白质饲料，榨油后的残渣中含蛋白质高（高达 40.9%～43%），因此常用来作蛋白饲料。而生榨（或土榨）的棉籽饼中含有较多的棉籽酚毒素，如果长期大量喂牛，就会发生中毒。

中毒症状：

表现为急性消化不良、反刍停止、肌肉震颤、前胃迟缓或积食，初期便秘，后期腹泻，粪中带血。病牛表现出不安、拱背、尿频、磨牙、眼睑浮肿、流泪等症状。

治疗措施：

首先停喂棉籽饼，然后对症治疗。

胃肠炎严重者，口服磺胺脒、诺氟沙星、氢氧化铝胶、硫酸亚铁 7～15 克，一次内服。根据病情可多次数日用药。

用 0.3%～0.5% 的高锰酸钾溶液或 2% 碳酸氢钠溶液 1000～1500 毫升进行洗胃。洗胃后，可灌服硫酸钠 500 克，每日一次，连用三天。如肠炎拉稀可不用硫酸钠泻剂，加用肠道消炎药诺氟沙星等。

用20%葡萄糖溶液2000毫升一次静注,连用三天。

预防:

选喂脱毒棉籽饼或机榨熟棉籽饼,不喂生榨棉籽饼。炒熟后榨油即为熟饼,已去毒。

生棉籽饼去毒法:蒸煮一小时后再喂。棉叶要晒干压碎、发酵,水洗后再用5%石灰水泡10小时,才能喂牛。

加铁去毒法:用1% ~2%硫酸亚铁浸泡后,棉酚的破坏率达81%。

腐烂发霉的棉籽饼更不可用作饲料。

第十九节　杀鼠药中毒

常见的杀鼠药有氟乙酰胺、磷化锌、敌鼠等。引起杀鼠药中毒的原因,主要是因为误将鼠药混入饲料中,致使奶牛误食了杀鼠药;还有在农田中放置恐吓放牧牛羊进入的鼠药,被奶牛误食造成中毒的,也时有发生。

一、氟乙酰胺中毒

氟乙酰胺进入体内脱去羟基,在乙酰辅酶A和缩合酶的作用下,产生氟柠檬酸,使三羧循环停止在柠檬酸阶段。三羧循环中断、三磷酸腺苷生成受阻、血液和组织中柠檬酸蓄积,这些反应虽然可以发生在所有细胞中,但以脑和心脏受损害最为严重。因此动物很快死亡。

一般是突然发作,也有在中毒的第二天表现出来。

治疗：

抓紧时间早治早好。

立即肌肉注射特效解毒药解氟灵（乙酰胺），剂量 0.1～0.3 克/千克体重，分 2～3 次肌肉注射，首次用量达到一日量的 1/2，一般用 5～7 天，可使肌肉震颤抽搐停止。早期用药效果好，晚期效果不佳，再发作再用药。

用醋精（2－乙醇乙酸脂）100 毫升加水 500 毫升灌服。

用 0.1%～0.2% 高锰酸钾洗胃，用人工盐缓泻排出毒物。

对症治疗：镇静用氯丙嗪、水合氯醛，兴奋呼吸中枢可用尼可刹米等。

输高渗葡萄糖加葡萄糖酸钙，有解毒作用。

用甘露醇、山梨醇静注以控制脑水肿。

还可用辅酶 A 及 ATP 等营养药。

二、磷化锌中毒

磷化锌不溶于水及酒精，微溶于碱、油，易溶于酸，在空气中散发出磷化氢的蒜臭味。动物致死量每千克体重为 20～30 毫克，属剧毒。

使病畜呕吐（蒜臭味）、腹痛、腹泻、呼吸脉搏加快，严重者出现蛋白尿、血尿、管型尿以及黄疸。

治疗：

投服 1% 硫酸铜 100～200 毫升，使磷化锌转为黑色磷化铜，或投服 0.1%～0.2% 高锰酸钾溶液，使磷化锌氧化为磷酸酐而失去毒性。

投服液体石蜡，可溶解部分磷化锌，但不被机体吸收。

其他可用盐类泻药排毒（不能用植物油泻）。在治疗过程中不能用碱性药物，因它能促进磷化锌的吸收。静注葡萄糖等保护肝脏机能的药以及其他对症治疗。

三、敌鼠中毒

敌鼠的毒害作用慢，一般在误食毒饵后 3 天左右出现症状，除表现在食欲、精神方面外，还会出现出血、鼻出血、尿血、便血、皮肤紫斑、关节痛、腹痛、低烧、贫血等症状。出血后不易止血。

治疗：

1. 立即用盐类泻药洗胃，排毒。敌鼠在胃内 4 ~6 小时才被吸收。

2. 皮下注射（或静脉）维生素 K_1 和维生素 K_3 每次 100 ~400 毫克，每日 2 ~3 次，连续用 3 ~5 天。静注要慢。

3. 肌注维生素 C。

预防：

对杀鼠药应严加保管，防止其污染饲料、饮水造成人为事故。用杀鼠药恐吓要事先通知，避免动物误入放药农田并误食，酿成不应该发生的事故。

第四章　奶牛肢蹄卫生与保健

蹄是奶牛重要支柱器官。

一、蹄病与营养

1. 过多精料致瘤胃酸中毒后，产生的乳酸和组织胺可作用于蹄组织上的毛细血管，刺激局部神经，促使蹄病发生。

2. 胎衣不下、子宫炎、部分乳房炎及肺炎感染所产生的内毒素或其他介质，可引起蹄叶炎。

3. 饲料中矿物质缺乏，如磷钙不足、比例不当，临床上会出现骨质疏松症，导致蹄病发生。

二、蹄病与环境

1. 夏秋季节，圈内卫生条件差，污物浸渍牛蹄，致其角质变软，易发生蹄病。

2. 圈舍阴暗潮湿，通风不良，氨气积聚。在氨的作用下，蹄角质蛋白分解、变性，成为死角质。

3. 水泥地面可使软化的角质过度磨损，使蹄底发生严重挫伤，创口发生感染，病情加重，形成化脓性跗关节炎、腕关节炎。

4. 牛仔小圈舍采食时，身体前倾，伸向饲槽，两前肢叉开使其内侧指变形，蒙受挫伤的机会多于外侧指。

三、蹄病与管理

1. 保持牛体、圈舍、运动场地的清洁卫生，定期消毒，减少传染病、寄生虫病的传播与流行。

2. 可波及蹄病的传染病有口蹄疫、坏死杆菌病、牛病毒性腹泻以及锥虫病，四肢下部的水肿也可影响蹄部。

3. 修蹄能使蹄具有更好的保护功能。

四、蹄病与遗传育种的关系

1. 牛品种不同，蹄病易感性各异。荷兰黑白花牛发病最多，红白花牛次之，美国—加拿大黑白花牛发病最少。

2. 指（趾）间增殖、螺旋状变形蹄及蹄叶炎有明显的遗传性。某些品种增殖位于指（趾）间中央，增殖物较大；受到蹄叶炎侵害的奶牛易再次发病，某些奶牛对蹄叶炎易感性高。

3. 两后肢外侧趾都发生变形者，也具有遗传性。

4. 淘汰跛行、蹄变形的奶牛及其后代，可以改善牛群肢蹄状况。

五、蹄的保健

1. 修蹄：预防性和功能性修蹄。

器械：蹄刀、剪、锉或修蹄机、绳。

药品：消毒棉，20% 甲醛溶液，10% 戊二醛，硫酸铜，7% 碘酊，松馏油，高锰酸钾，绷带以及蹄鞋。

保定：二柱、六柱、修蹄架（专用翻滚），站立或横卧保定。

修蹄：首先准确判断蹄形（前蹄趾长 7.5 ~8.5 厘米，后蹄趾长 8 ~9 厘米，蹄底厚度为 5 ~7 厘米），防止过削。

其次，保证蹄的稳定和好的功能。少削内侧趾，使内侧趾尽量高，使两趾等高。注意蹄底的倾斜度，在趾的后半部，越靠近趾间隙倾斜度应越大。

第三，对角质病灶趾，后方尽量削低，除去蹄底球部和蹄壁的松脱角质，用锋利的蹄刀将创内真皮增生的肉芽组织整个切除。若当修蹄三天后蹄跛行无明显改善甚至加剧,应对有关趾进行详细检查。

第四,修蹄时间安排在土地反浆之后,雨季到来之前。气温低,蹄角质坚硬,修蹄困难;天热雨水多,修蹄后不易护理易感染。真皮损伤而经修整处置后的病牛应置于干净干燥的环境,保持蹄部清洁,减少感染机会。

2. 蹄浴:指用一定浓度的消毒液处理牛蹄,以达到预防、改善或治疗蹄病的一种经常性措施。

(1)喷洒浴蹄:用15%硫酸铜或福尔马林喷浴,注意保护乳房,勿使药液伤及乳房。

(2)浸泡浴蹄:用5% ~10%硫酸铜,每日2~3次,每次20~30分。

注意事项:

(1)浴蹄后使蹄保持30~60分钟干燥。

(2)保证药效,池内药液每次都要换新。

(3)药液温度在15℃以下时,药效下降。

(4)防止药液烧灼乳房皮肤等其他部位。当皮肤受刺激后表现症状,立即停止浴蹄,并用清水冲洗。

(5)患有严重指(趾)间蜂窝织炎的病牛不要蹄浴。

3. 护蹄及蹄保健:供应平衡日粮,注意精粗比、蛋能比和钙磷比;经常保持环境清洁、干燥,及时排除污水,清扫粪便,坚持浴蹄;夏秋季每5~7天浴蹄1~2次。

建立定期修蹄制度,春秋季节全群普查或干奶后、产犊后修蹄1~2次。经常观察,对变形蹄应及时修正。

附 录

奶牛血液化测定值表

黑白花奶牛	
血清葡萄糖 GLU(mmol/L)	4.08 ±0.23
胆固醇 CHOL(mmol/L)	1.43 ±0.13
总脂 TF(mg/dL)	212.10 ±6.92
尿素氮 BUN(mmol/L)	6.63 ±0.29
肝酐 Cr(mmol/L)	106.79 ±6.09
碱性磷酸酶 AKP(U/dL)	14.70 ±1.36
CO_2(mmol/L)	28.79
碱贮 AS(毫克/dL)	383.33 ±92.98
CL(mmol/L)	156.46 ±5.66
K(mmol/L)	5.48 ±1.74
Na(mmol/L)	158.12 ±41.69
Ca(mmol/L)	1.97 ±0.76
P(mmol/L)	1.52 ±0.44
Fe(mmol/L)	34.02 ±6.65

奶牛血清蛋白质和肝功测定值表

总蛋白 TP(g/L)	69.15 ±3.88
白蛋白 ALB(g/L)	50.35 ±1.53
球蛋白 GLB(g/L)	18.80 ±4.14
α_1GLB(g/L)	
α_2GLB(g/L)	3.55
β ~ GLB(g/L)	6.41
γ ~ GLB(g/L)	9.60
A/G(白蛋白与球蛋白之比)	2.88 ±1.06
谷丙转氨酶 GPT(u)	44.09 ±2.52
谷草转氨酶 GOT(u)	126.80 ±5.77
麝香草酚浊度 TTT(u)	4.10 ±1.66
硫酸锌浊度 ZnTT(u)	14.11 ±1.36
黄疸 II(u)	7.40 ±0.84
胆红素定量 Br(毫克/dL)	1.08 ±0.14

奶牛生理正常值表

体温	37.5℃ ~39.5℃
脉搏	40 ~80 次/分,60 ~80 次/分
血压	最高 110 ~130,最低 30 ~50,脉压 80mmHg
呼吸	10 ~30 次/分,15 ~50 次/分
血液有形成分	百万/立方毫米
红血球	红血球 6 百万(5 ~7 百万), 白血球 7 千(5 ~9 千)血小板 40 万
血液黏稠度	平均 4.8,最低 4.6,最高 5.2
血红蛋白	65%(56% ~74%)每 100 毫升中 12.0g
白血球分类	%
嗜碱性	嗜碱性平均 0.5
嗜酸性	6.5(4.5 ~5.5)
嗜中性	杆状核 6(4.5 ~8.5);分叶核 23(19 ~30)
血沉	0.5 ~1.5mm,(潘氏法)
红白球脆性	最小抵抗 0.74 ~0.64,最大抵抗 0.46 ~0.42
反刍	4 ~8 次/天
反刍持续时间	40 ~50 分/次
每个食团咀嚼次数	40 ~60 次
吸气	17 ~20 次/小时
日排粪	15 ~40 千克

防腐消毒药种类

1. 环境消毒药表

药名	用法	浓度	作用及用途	作用时间
石灰（石灰乳）	地面撒布	适量	杀灭细菌和病毒，对口蹄疫有效	3～5天一次
来苏儿	喷洒	3%～5%溶液	牛舍、场地、皮肤消毒	1日1次
漂白粉	粉剂撒布，5%～20%水液喷刷	适量	杀灭细菌和芽孢及病毒	金属器械不能用漂白粉腐蚀
福尔马林	刷洗	3%～5%溶液	杀灭芽孢及病毒	消毒3次，每次间隔1小时
氢氧化钠	喷洒	3%～5%热溶液	能杀灭细菌芽孢、病毒，消毒口蹄疫、炭疽	消毒3次，每次间隔1小时，腐蚀金属不能用
消毒王	喷洒地面、牛舍	按说明配比例	杀灭细菌、病毒	每隔1小时1次，连用2次
百毒杀	喷洒	0.025%～0.04%溶液	杀死细菌、病毒、芽孢、真菌	消毒2次，每次间隔1小时
佳力迈特（月苄钾氯胺）	喷洒棚舍，器具浸涤	1∶300 1∶1000～1500	灭活细菌病毒	
优力消毒剂（二氯异氰脲酸钠）	见说明书		用于畜舍、器具、种蛋消毒	

2. 外科器械、敷料及皮肤消毒药表

药名	用法	浓度	作用及用途	作用时间
新洁尔灭	浸泡 30～60 分钟	0.1% 溶液消毒外科器械	杀菌作用强大	外科器械 30～60 分钟，敷料消毒 15 分钟（忌与肥皂、碘酊、高锰酸钾、升汞合用）
新洁尔灭	浸泡	0.1% 溶液	消毒手及术部，治疗创伤、黏膜炎症	浸泡、刷洗 5～6 分钟
消毒净	器械、术部、手臂消毒	0.05%～0.1%	作用比新洁尔灭强	浸泡 30 分钟以上（浸泡器械加入等量亚硝酸钠防锈）
乙醇	涂擦、浸泡酒精棉球，消毒皮肤	75% 溶液	杀灭细菌、芽胞、病毒、霉菌	皮肤涂擦消毒（密封保存）
碘酊	皮肤局部消毒、棉球涂擦	5% 碘酊	杀灭细菌、芽胞、病毒、霉菌	皮肤涂擦消毒（密封保存）

3. 奶牛发情相关数据表

发情周期	21 日
发情持续时间	12 小时
排卵期	发情停止后 4 ~ 16 小时
成熟卵泡	数目:1 个,直径:12 ~ 19mm,卵子直径:不包括透明带 120 ~ 160um,活卵子的卵黄颜色呈灰色。
成熟黄体	形状:球形或卵圆形,直径:20 ~ 25 毫米,到达最大体积的时间(排卵后日数)10 日,开始退化时间(排卵后日数)14 ~ 15 日。根据品种、年龄、胎次、营养水平而有差异。

抗病毒中西药

1. 合成的抗病毒病药剂

(1)病毒唑(Virazole,三氮唑核苷)

本品为广谱抗病毒药,对人流感与副流感病毒、痘病毒、腺病毒、肠病毒和鸡新城疫病毒等都有抑制作用,可用于治疗人流感、水痘、疱疹、麻疹、腺病毒肺炎;也可用于治疗动物的病毒性流感、腺病毒肺炎、单疱疹性角膜炎、急性流行性角膜炎、疱疹口腔炎;还可用作犬瘟热、犬细小病毒肠炎的辅助治疗。其与抗生素合用可提高抗感染效果。常用制剂为病毒唑注射液。

(2) 吗啉胍(Moroxydine,病毒灵)

本品对流感病毒增殖期的各个阶段都有抑制作用,可用于防治动物病毒性流感、疱疹、病毒性结膜炎等病毒病。制剂有吗啉胍片及病毒灵注射液。

(3)聚肌胞(聚核肌苷酸-聚核胞嘧啶酸)

本品为干扰素诱生剂。通过刺激宿主网状内皮细胞、巨噬细胞、淋巴细胞和体细胞产生的干扰素而产生广谱抗病毒作用。对控制病毒感染,阻止病毒在体内扩散并促进病毒病的痊愈起重要作用。故可用作人畜病毒病的辅助治疗;对珍贵动物(犬、猫、狐、貂)的病毒感染如病毒性流感与肝炎等的辅助治疗也有效。制剂有聚肌胞注射液。

(4)金刚烷胺(Amanadine,三环癸胺)

本品能阻止病毒进入宿主细胞,并抑制病毒的复制,对人甲型流感病毒、动物病毒病的猪传染性胃肠炎病毒等有抑制作用,可用于人畜流感及动物病毒性肺炎及败血症的治疗。金刚烷胺还兼有解热与提高体液免疫的功能,与抗生素合用可提高疗效。制剂有金刚烷胺片及复方金刚烷胺片。治疗鸡和雪貂呼吸道感染可以内服或混饮投用。

2. 间接抗病毒病的天然物活性剂

(1)黄芪与黄芪多糖

黄芪多糖为黄芪的重要成分,其制剂有黄芪注射液与黄芪多糖注射液(后者又称动物抗病毒I号注射液)。本品能诱发机体产生内源性干扰素,干扰素作用于机体细胞基因,使其产生抗病毒蛋白,通过抑制病毒蛋白的合成而产生抗病毒作用。该制剂已成功用于鸡传染性法氏囊病等病毒性疾病的治疗。黄芪的复方制剂

（芪普蒽）用于防治家禽流感病。本品还能调节机体免疫功能，促进抗体生成，从而提高人、畜机体的抗感染能力。

（2）香菇多糖

据刘永杰等的报告（1999），该活性成分与黄芪多糖作用相似，能促进脾脏T淋巴细胞转化并产生白细胞介素Ⅱ，并起免疫调节作用，能降低鸡马立克氏病毒病的发病率。

3. 有抗病毒作用的中草药

据文献记载，不少对病毒有抑制作用的中草药可用于动物医学临床。

（1）抗流感病毒中草药有丹皮、大青叶、板蓝根、黄连、黄芩、黄柏、连翘、青黛、金银花、虎杖、大黄、鱼腥草、茵陈、苍术、贯仲、野菊花、柴胡、罗布麻、夏枯草、大蒜、桂皮、防风、紫苏、石苇、赤芍、五味子、黄精、一枝黄花、芫花、海藻、诃子、艾叶、槟榔、鸭跖草、侧柏叶、生甘草、大叶桉、紫菀、佩兰、橄榄、葱、食醋等。

（2）抗腺病毒的中草药有大青叶、青黛、板蓝根等。

（3）抗疱疹病毒的中草药有马齿苋、射干、紫花地丁、侧柏叶、赤芍、黄精、金银花、虎杖等。

中华人民共和国农业行业标准

无公害食品

奶牛饲养兽药使用准则

1. 范围

本标准规定了生产无公害食品的奶牛饲养过程中允许使用的兽药种类及其使用准则。

本标准适用于无公害食品的奶牛饲养过程的生产、管理和认证。

2. 规范性引用文件

下列文件中的条款通过本标准的引用而成为本标准的条款。凡是注日期的引用文件，其随后所有的修改单(不包括勘误的内容)或修订版均不适用于本标准，然而，鼓励根据本标准达成协议的各方研究是否可使用这些文件的最新版本。凡是不注日期的引用文件，其最新版本适用于本标准。

NY / T 388 畜禽场环境质量标准

NY 5027 无公害食品 畜禽饮用水水质

NY 5047 无公害食品 奶牛饲养兽医防疫准则

NY 5048 无公害食品 奶牛饲养饲料使用准则

NY / T 5049 无公害食品 奶牛饲养管理准则

中华人民共和国兽药典

中华人民共和国兽药规范

中华人民共和国兽用生物制品质量标准

兽药管理条例

中华人民共和国动物防疫法

进口兽药质量标准

兽药质量标准

饲料药物添加剂使用规范

3. 术语和定义

下列术语和定义适用于本标准。

3.1 奶牛 dairy cattle

以产乳性能为主要选择目的,经过系统选育,达到一定水平的专门化牛种的统称。

3.2 兽药 veterinary drug

用于预防、治疗和诊断畜禽等动物疾病,有目的地调节其生理机能并规定作用、用途、用法、用量的物质(含饲料药物添加剂)。包括:血清、疫苗、诊断液等生物制品;兽用的中药材、中成药、化学原料及其制剂;抗生素、生化药品、放射性药品。

3.2.1 抗菌药 antibacterial drug

能够抑制或杀灭病原菌的药物,其中包括中药材、中成药、化学药品、抗生素及其制剂。

3.2.2 抗寄生虫药 antiparasitic drug

能够杀灭或驱除动物体内、体外寄生虫的药物,其中包括中药材、中成药、化学药品、抗生素及其制剂。

3.2.3 生殖激素类药 reproductive hormonic drug

直接影响或间接影响动物生殖机能的激素类药物。

3.2.4　疫苗 vaccine

由特定细菌、病毒、立克次氏体、螺旋体、支原体等微生物以及寄生虫制成的主动免疫制品。

3.2.5　消毒防腐剂 disinfectant and preservative

用于杀灭环境中的有害微生物，防止疾病发生和传染的药物。

3.2.6　饲料药物添加剂 medicated feed additive

为预防、治疗动物疾病而掺入载体或者稀释剂的兽药的预混物，包括抗球虫药类、驱虫剂类、抑菌促生长类等。

3.3　休药期 withdrawal period

动物从停止给药到许可屠宰或它们的产品（乳、蛋）许可上市的间隔时间。

3.4　奶废弃期 withdrawal period for milk

奶牛从停止给药到它们所产的奶许可上市的间隔时间。

4.使用准则

奶牛养殖场的饲养环境应符合 NY / T 388 的规定。奶牛饲养者应供给奶牛充足的营养，所用饲料、饲料添加剂和饮水应符合《饲料和饲料添加剂管理条例》、NY 5048 和 NY 5027 的规定。按照 NY/T 5049 加强饲养管理，采取各种措施以减少应激，增强动物自身的免疫力。应严格按照《中华人民共和国动物防疫法》和 NY 5047 的规定进行预防，建立严格的生物安全体系，防止奶牛发病和死亡，最大限度地减少化学药品和抗生素的使用。确需使用治疗用药的，经实验室诊断确诊后再对症下药，兽药的使用应有兽医处方并在兽医的指导下进行。用于预防、治疗和诊断疾病的兽药应符合《中华人民共和国兽药典》《中华人民共和国兽药规范》《中华人民共和国兽用生物制品质量标准》《兽药质量标准》《进口兽药质量标准》和《饲料药物添加剂使用规范》的相关规定。所用兽药应来自具有《兽药生产许可证》和产品批准文号的生产企业或者具有《进口兽药许可证》的供应商。所用兽药的标签应符合《兽药管理条例》的规定。使用兽药时,还应遵循以下原则。

4.1　应使用符合《中华人民共和国兽用生物制品质量标准》规定的疫苗预防奶牛疾病。

4.2　允许使用消毒防腐剂对饲养环境、厩舍和器具进行消毒。但不能使用酚类消毒剂。

4.3　允许使用符合《中华人民共和国兽药典》二部和《中华人民共和国兽药规范》二部规定的用于奶牛疾病预防和治疗的中药材和中成药。

4.4　允许使用符合《中华人民共和国兽药典》《中华人民共和国兽药规范》《兽药质量标准》和《进口兽药质量标准》规定的钙、磷、硒、钾等补充药,酸碱平衡药,体液补充药,电解质补充药,血容量补充药,抗贫血药,维生素类药,吸附药,泻药,润滑剂,酸化剂,局部止血药,收敛药和助消化药。

4.5　允许使用国家兽药管理部门批准的微生态制剂。

4.6　允许使用附录 A 中的抗菌药、抗寄生虫药和生殖激素类药,使用中应注意以下几点:

a)严格遵守规定的给药途径、使用剂量、疗程和注意事项;

b)休药期应严格遵守附录 A 中规定的时间;

c)附录 A 中未规定休药期的品种,应遵守肉不少于 28 天、奶废弃期不少于 7 天的规定;

d)抗寄生虫药外用时注意避免污染鲜奶。

4.7　慎用作用于神经系统、循环系统、呼吸系统、泌尿系统的兽药及其他兽药。

4.8　建立并保存奶牛的免疫程序记录;建立并保存患病奶牛

的治疗记录，包括患病奶牛的畜号或其他标志、发病时间及症状、治疗用药的经过、治疗时间、疗程、所用药物商品名称及有效成分。

4.9　禁止使用有致畸、致癌和致突变作用的兽药。

4.10　禁止在饲料及饲料产品中添加未经国家畜牧兽医行政管理部门批准的《饲料药物添加剂使用规范》以外的兽药品种，特别是影响奶牛生殖的激素类药、具有雌激素样作用的物质、催眠镇静药和肾上腺素能药等兽药。

4.11　禁止使用未经国家畜牧兽医行政管理部门批准作为兽药使用的药物。

4.12　禁止使用未经国家畜牧兽医行政管理部门批准的用基因工程方法生产的兽药。

奶牛饲养允许使用的抗菌药、抗寄生虫药和生殖激素类药及使用规定

表 A·1

类别	药名	制剂	用法与用量 (用量以有效成分计)	休药期
抗菌药	氨苄西林钠 ampicillin sodium	注射用粉针	肌内、静脉注射,一次量 10 ~ 20 mg/kg 体重,2 ~ 3)次 / 日,连用 2 ~ 3 日	6 天,奶废弃期 2 天
		注射液	皮下或肌内注射,一次量 5 ~ 7mg/kg 体重	
	氨苄西林钠 + 氯唑西林钠(干乳期) ampillins odium+cloxacillin sodium(dry cow)	乳膏剂	乳管注入,干乳期奶牛,每乳室氨苄西林钠 0.25g + 氯唑西林钠 0.5g,隔 3 周再输注 1 次	28 天,奶废弃期 30 天
	氨苄西林钠 + 氯唑西林钠(泌乳期) ampicillin sodium+cloxacillin sodium (milking cow)	乳膏(剂)	乳管注入,泌乳期奶牛,每乳室氨苄西林钠 0.075g + 氯唑西林钠 0.2g,2 次 / 日,连用数日	7 天,奶废弃期 2.5 天
	苄星青霉素 benzathine benzylpenicillin	注射用粉针	肌内注射,一次量 2 ~ 3 万单位 /kg 体重,必要时 3 ~ 4 日重复 1 次	30 天,奶废弃期 3 天
	苄星邻氯青霉素 cloxacillin benzathine	注射液	乳管注入,每乳室 50 万单位	28 天及产犊后 4 天的奶,泌乳期禁用
	青霉素钾(钠) benzylpenicillin potassium (sodium)	注射用粉针	肌内注射,一次量 1 万 ~ 2 万单位 /kg 体重,2 ~ 3 次 / 日,连用 2 ~ 3 日	奶废弃期 3 天
	硫酸小檗碱 berberine sulfate	注射液	肌内注射,一次量 0.15 ~ 0.4g	0 天
	头孢氨苄 cefalexin	乳剂	乳管注入,每乳室 200mg,2 次 / 日,连用 2 日	奶废弃期 2 天
	氯唑西林钠 cloxacillin sodium	注射用粉针	乳管注入,泌乳期奶牛,每乳室 200mg	10 天,奶废弃期 2 天
			乳管注入,干乳期奶牛,每乳室 200 ~ 500mg	30 天

表 A · 1(续)

类别	药名	制剂	用法与用量 (用量以有效成分计)	休药期
抗菌药	恩诺沙星 enrofloxacin	注射液	肌内注射,一次量 2.5mg/kg 体重,1~2 次/日,连用 2~3 日	28 天,泌乳期禁用
	乳糖酸红霉素 erythromycin lactobionate	注射用粉针	静脉注射,一次量 3~5 mg/kg 体重,2 次/日,连用 2~3 日	21 天,泌乳期禁用
	土霉素 oxytetracycline	注射液(长效)	肌内注射,一次量 10~20mg/kg 体重	28 天,泌乳期禁用
	盐酸土霉素 oxytetracycline hydrochloride	注射用粉针	静脉注射,一次量 5~10mg/kg 体重,2 次/日,连用 2~3 日	19 天,泌乳期禁用
	普鲁卡因青霉素 procaine benzylpenicillin	注射用粉针	肌内注射,一次量 1 万~2 万单/kg 体重,1 次/日,用 2~3 日	10 天,奶废弃期 3 天
	硫酸链霉素 streptomycin sulfate	注射用粉针	肌内注射,一次量 10~15 mg/kg 体重,2 次/日,连用 2~3 日	14 天,奶废弃期 2 天
	磺胺嘧啶 sulfadiazine	片剂	内服,一次量,首次量 0.14~0.2g/kg 体重,维持量 0.07~0.1g/kg 体重,2 次/日,连用 3~5 日	8 天,泌乳期禁用
	磺胺嘧啶钠 sulfadiazine sodium	注射液	静脉注射,一次量 0.05~0.1g/kg 体重,1~2 次/日,连用 2~3 日	10 天,奶废弃期 2.5 天
	复方磺胺嘧啶钠 compound sulfadiazine sodium	注射液	肌内注射,一次量 20~30mg/kg 体重(以磺胺嘧啶计),1~2 次/日,连用 2~3 日	10 天,奶废弃期 2.5 天
	磺胺二甲嘧啶 sulfadimidine	片剂	内服,一次量,首次量 0.14~0.2g/kg 体重,维持量 0.07~0.1g/kg 体重,1~2 次/日,连用 3~5 日	10 天,泌乳期禁用
	磺胺二甲嘧啶钠 sulfadimidine sodium	注射液	静脉注射,一次量 0.05~0.1g/kg 体重,1~2 次/日,连用 2~3 日	10 天,泌乳期禁用

表 A · 1(续)

类别	药名	制剂	用法与用量 (用量以有效成分计)	休药期
抗寄生虫药	阿苯达唑 albendazole	片剂	内服,一次量10~15mg/kg体重	27天,泌乳期禁用
	双甲脒 amitraz	溶液	药浴、喷洒、涂擦,配成0.025%~0.05%的溶液	1天,奶废弃期2天
	青蒿琥酯 artesunate	片剂	内服,一次量5mg/kg体重,首次量加倍,2次/日,连用2~4日	
	溴酚磷 bromphenophos	片剂、粉剂	内服,一次量12mg/kg体重	21,奶废弃期5天
	氯氰碘柳胺钠 closantel sodium	片剂、混悬液	内服,一次量5mg/kg体重	28天,奶废弃期28天
		注射液	皮下或肌内注射,一次量2.5~5mg/kg体重	
	芬苯达唑 fenbendazole	片剂、粉剂	内服,一次量5~7.5mg/kg体重	28天,奶废弃期4天
	氰戊菊酯 fenvalerate	溶液	喷雾,配成0.05%~0.1%的溶液	1天,奶废弃期无
	伊维菌素 ivermectin	注射液	皮下注射,一次量0.2mg/kg体重	35天,泌乳期禁用
	盐酸左旋咪唑 levamisole hydrochloride	片剂	内服,一次量7.5mg/kg体重	2天,泌乳期禁用
		注射液	皮下、肌内注射,一次量7.5mg/kg体重	14天,泌乳期禁用
	奥芬达唑 oxfendazole	片剂	内服,一次量5mg/kg体重	11天,泌乳期禁用
	碘醚柳胺 rafoxanide	混悬液	内服,一次量7~12mg/kg体重	60天,泌乳期禁用
	三氯苯唑 triclabendazole	混悬液	内服,一次量6~12mg/kg体重	28天,泌乳期禁用

表 A·1(续)

类别	药名	制剂	用法与用量 (用量以有效成分计)	休药期
生殖激素类药	甲基前列腺素 F2α carboprost	注射液	肌内注射或宫颈内注入,一次量 2~4mg/kg 体重	
	绒促性素 chorionic gonadotrophin	注射用粉针	肌内注射,一次量 1000~5000 单位,2~3 次/周	泌乳期禁用
	苯甲酸雌二醇 estradiol benzoate	注射液	肌内注射,一次量 5~20mg	泌乳期禁用
	醋酸促性腺激素释放激素 fertirelin acetate	注射液	肌内注射,一次量 100~200μg	泌乳期禁用
	促黄体素释放激素 A_2 irtropin releasing hormone A_2	注射用粉针	肌内注射,一次量,排卵迟滞 12.5~25μg;卵巢静止 25μg;1 次/日,可连用至 3 次;持久黄体或卵巢囊肿 25μg,1 次/日,可连用至 4 次	泌乳期禁用
	促黄体素释放激素 A_3 irtropin releasing hormone A_3	注射用粉针	肌内注射,一次量 25μg	泌乳期禁用
	垂体促卵泡素 pituitary follitropin	注射用粉针	肌内注射,一次量 100~150 单位,隔 2 日 1 次,连用 2~3 次	泌乳期禁用
	垂体促黄体素 pituitary lutropin	注射用粉针	肌内注射,一次量 100~200 单位	泌乳期禁用
	黄体酮 progesterone	注射液	肌内注射,一次量 50~100mg	21 天,泌乳期禁用
	复方黄体酮 compound progesterone	缓释圈	阴道插入,一次量,黄体酮 1.55g + 苯甲酸雌二醇 10mg	泌乳期禁用
	缩宫素 oxytocin	注射液	皮下、肌内注射,一次量 30~100 单位	泌乳期禁用
	氨基丁三醇前列腺素 $F_{2\alpha}$ prostaglandin$F_{2\alpha}$tromethamine	注射液	肌内注射,一次量 25mg	泌乳期禁用
	血促性素 era gonadotrophin	注射用粉针	皮下、肌内注射,一次量,催情 1000~2000 单位超排,2000~4000 单位	泌乳期禁用

牛内服药物的休药期及应用限制

药品名称	休药期	用药后牛奶禁止上市时间	应用限制
醋酸氯地孕酮	28 天		仅用于肉用青年母牛和肉牛
氯噻嗪		72 小时	仅用于奶牛
金霉素/(1 毫克/千克·天)	10 天		用于成年肉牛、干奶期奶牛
金霉素和黄胺二甲基嘧啶	7 天		用于成年肉牛、不产奶母牛
金霉素(350 毫克/头·天)	2 天		
盐酸金霉素	3 天		仅用于犊牛
盐酸金霉素和磺胺二甲基嘧啶	7		用于成年肉牛、不产奶母牛
盐酸四环素(可溶性粉剂)	5 天		用于犊牛,不超过 5 天
链霉素 + 磺胺二甲基嘧啶 + 酞磺噻唑	10 天		仅用于犊牛
链霉素	2 天		用于犊牛,不超过 5 天
盐酸链霉素或硫酸链霉素溶液	2 天		
双氢链霉素 + 维生素 A	10 天		仅用于犊牛
磷铵氯哒嗪	7 天		仅用于犊牛
磺胺间二甲氧嘧啶水针或饮品	7 天		用于乳犊、青年母牛、肉牛
磺胺间二甲氧嘧啶溶剂和大丸剂	7 天		用于肉牛,不产奶母牛
黄胺二甲基嘧啶片及粉	10 天		不能用于泌乳期奶牛
黄胺二甲基嘧啶持续释放丸	18 天		不能用于泌乳期奶牛

牛内服药物的休药期及应用限制(续表)

药品名称	休药期	用药后牛奶禁止上市时间	应用限制
盐酸左咪唑	2~3天		用于成年肉牛
噻苯唑	3天	96小时内禁奶上市	
皮蝇磷	10天		禁止用于泌乳牛及接受过胆碱酯酶抑制剂的动物,产犊前停药10天
哈乐松	7天		不能用于繁殖奶牛及乳用山羊
氨苄青霉素三水合物	15天		仅用于瘤胃尚未参与消化的犊牛
氯丙嗪	1天		仅用于犊牛
呋喃苯胺酸	2天	48小时	产后用药不能超过48小时
醋酸甲烯雌醇	2天		仅用于育肥青年母牛
莫能菌素钠			仅用于宰前舍饲牛的混饲
盐酸土霉素	5~12天		不能用于种畜或奶牛
苄星邻氧青霉素	30天	产后72小时奶不能食用	仅用于不产奶的牛
邻氯青霉素钠	10天	48小时	
海他西林钾	10天	72小时	
普鲁卡因青霉素G花生油液	4天	84小时	
普鲁卡因青霉素G芝麻油液	3天	60小时	
油剂普鲁卡因青霉素G和双氢链霉素		42小时①	产奶牛禁用,用于干奶期末次挤奶时用药

牛内服药物的休药期及应用限制(续表)

药品名称	休药期	用药后牛奶禁止上市时间	应用限制
羟氨苄青霉素三水合物	60 天		奶中残留量≤0.01×10^{-6}
普鲁卡因青霉素 G 呋喃唑酮		96 小时	
花生油剂 2% 单硬脂酸铝			
普鲁卡因青霉素 G 新生霉素钠	30 天	72 小时②	仅用于干奶期母牛

注:①产后开始,泌乳 60 周内不能用药,产犊后 96 小时的奶必须废弃,不能食用,末次用药后 96 日禁宰。

②用过药的母牛产犊后 72 小时的奶不能上市供人食用。

后 记

进入21世纪,我国的奶牛养殖业和乳业发生了根本性变化。以内蒙古自治区土默特右旗为例,1998年全旗仅有不足千头奶牛,一家民营乳品厂。从2001年开始,不到三年时间,全旗黑白花奶牛猛增至十几万头。发展速度惊人,形势更逼人。

这么多奶牛怎么养?病了谁来治?挤下奶卖给谁?一连串的问题摆在政府、农民、技术人员面前。

在这种形势下,我受该旗农牧局和几个乡镇的邀请,先是走村入户、办学习班,讲授奶牛饲养管理的知识与技术,积极诊治奶牛疾病。高产奶牛病多病杂,对从未见过高产奶牛的农民更是一大难题。在这种情况下,政府又聘我在党校中专班讲课,在广播电台讲了三年奶牛饲养管理技术与奶牛常见病防治。

据农民反映:"你讲的知识,记不住,用不上,最好再编成书,给我们发下来,遇到问题有查找处。"为了满足奶农的需要,我在已有讲案的基础上,搜集整理了更多、更新、更全面的相关资料,翻阅了多种相关技术书籍,结合自己几十年养牛治病的经验,着手编著本丛书。

奶牛养殖与医疗是科技工作,有很强的科学性与实用性。科技在不断进步,我们为奶农或规模奶牛养殖企业提供的资料与技术必须是最新的知识和技术。当然成熟可靠的理论与知识还必须能应用于实践，二者不可偏废。新技术是在旧技术的基础上发展形成的。

本丛书的编写过程也是见证我区奶牛养殖发展的过程。奶牛养殖业由分散向集中规模化发展，要求的相关内容不只是助产、剥胎衣等一般性的知识，还包括规模化奶牛场的建设、管理、经营、疫病控制技术和无公害奶牛生产技术发展。这就要求在总结经验的基础上，不断增加新内容、新资料，适应新形势，以提高时效性与实用性。

本书内容繁简有序，有的问题叙述得较细，从理论到实用技术，内容全面而深入；有的问题如不常见的奶牛疾病等则简明扼要。每册都有一个重点。

本丛书参考、吸收了多种专业书籍、文献的内容，集中了许多人的智慧与劳动成果，也受到同行的鼓励与帮助，在此一并致谢！

本丛书的出版，得到内蒙古人民出版社的大力支持，在此表示由衷地感谢！

由于我们才疏学浅，错谬之处在所难免，恳望同行及读者不吝赐教，给予批评、指正，以便再版时修正。

作者

2014 年 10 月

主要参考书目

1.《牛病学》,李培元等编,吉林人民出版社,1982 年出版

2.《畜牧业经营管理》,中央农业广播电视学校教材,2003 年出版

3.《奶牛乳房炎与日粮营养》,李振编,山东临沂师范学院,2005 年出版

4.《奶牛高效饲养新技术》,徐照雪、薛允平编

5.《奶牛全混合日粮(TMR)生产技术规范与饲养工艺》刘亚男编,中国奶牛,2007 年出版

6.《养牛学》,陆跃辉编,职业中学校教材

7.《无公害奶牛标准化饲喂技术》,中国农业部部颁

8.《高产奶牛饲养管理规范》,中国农业部

9.《内蒙古农牧业技术推广与应用》,内蒙古农牧业厅科教处,2012 年出版

10.《家畜内科学》,西北农业大学编,农业出版社,1986 年出版

11.《中兽医学》(内部试用),华北农业大学,中国人民解放军兽医大学,1975 年出版

12.《家畜病理学》,内蒙古农牧学院主编,农业出版社,1984 年出版

13.《家畜传染病学》,(匈)胡体拉著,盛彤笙译,科学出版社,1964 年出版

14.《家畜育种学》,内蒙古农牧学院,农业出版社,1980 年出版

15.《家畜环境卫生学》,东北农业学院,农业出版社,1983 年出版

16.《实用抗菌素学》,戴自英主编,上海人民出版社,1977 年出版

17.《家畜寄生虫学》,南京农学院,上海科技出版社,1981 年出版

18.《家畜寄生虫图谱》,邱汉辉编,江苏科学技术出版社,1983 年出版

19.《兽医微生物学》,甘肃农业大学

20.《家畜寄生虫与侵袭病学》,北京农业大学主编,农业出版社,1962 年出版

21.《家畜产科学》,甘肃农业大学,农业出版社,1980 年出版

22.《家畜解剖学》,(英)赛普提摩斯,谢逊著,张鹤宇等译,科学出版社,1972 年出版

23.《家畜生理学》,(美)M·J 斯文森主编,华北农业大学译,科学出版社,1978 年出版

24.《兽医药理学》,华南农业学院,农业出版社,1988 年出版

25.《家畜传染病学》,南京农学院主编,上海科学出版社,1981 年出版

26.《中华人民共和国药典》(中草药及其制品),1977 年出版

27.《家畜饲养》,王文元等编,内蒙古人民出版社,1999 年出版

28.《中兽医治疗学》,中国农业科学院,1962 年出版

29.《中国兽药标准汇编》,2012 年出版

30.《元亨疗马集》

31.《中药方剂学》,聂富成编,1993 年出版

32.《现代乳牛学》,邱怀主编,2003 年出版

33.《实施奶牛场良好农业规范》,李栋等编

34.《中国畜牧业年鉴》,2010 年出版

35.《奶牛营养需要》,美国 NRC2002 年版,中国饲料工业协会译

36.《配合饲料大全》,李复兴编

37.《中国饲料成分及价值表》

38.《NY/T34 – 2004 奶牛饲养标准》

39.《中国乳业》,中国农科院文献信息中心,农业部情报所

40.《中国奶牛》,中国奶业协会,双月刊

41.《饲料博览》,黑龙江省饲料工业协会,东北农业大学,1988 创刊

42.《当代畜禽养殖业》,内蒙古畜牧业杂志社,多期

43.《中国畜牧杂志》,中国畜牧兽医学会

44.《中国兽医杂志》,中国畜牧兽医学会,中国农业大学出版

45.《兽医导刊》,中国动物预防控制中心等单位,多期

46.《现代奶牛养殖综合技术》,熊家军等编著,2011 年出版

47.《奶牛繁育技术手册》,王洪忠主编,内蒙古人民出版社,2005 年出版

48.《奶牛养殖手册》,王洪忠主编,远方出版社,2004 年出版

49.《动物防疫人员培训指南》,郝斗林主编,远方出版社,1999 年出版

50.《实用奶牛疾病学》,巴开明主编,内蒙古人民出版社,2002 年出版

51.《家畜内科学》,(匈)胡体拉等著,科学出版社,1965 年出版

52.《家畜外科学》,北京农业大学编,农业出版社,1988 年出版

53.《动物遗传学》,北京农业大学编,农业出版社,1988 年出版

54.《兽医临床诊断学》,东北农业大学编,农业出版社,1988 年出版

55.《中国奶牛》,易明梅著,上海交通大学,2007 年出版

56.《企业财务管理》,天津财经大学,2011 年出版

57.《执业兽医资格考试应试指南》,中国兽医协会组织编,中国农业出版社 2014 年 4 月出版